带翼的金属

陈积芳——主编　　奚同庚 等——著

上海科学技术文献出版社
Shanghai Scientific and Technological Literature Press

图书在版编目（CIP）数据

带翼的金属／奚同庚等著．—上海：上海科学技术文献
出版社，2018
　　（科学发现之旅）
　　ISBN 978-7-5439-7680-1

　　Ⅰ.①带…　Ⅱ.①奚…　Ⅲ.①材料科学—普及读
物　Ⅳ.①TB3-49

中国版本图书馆 CIP 数据核字（2018）第 159536 号

选题策划：张　树
责任编辑：王　珺
助理编辑：尚玉清
封面设计：樱　桃

带翼的金属
DAIYI DE JINSHU
陈积芳　主编　奚同庚　等著
出版发行：上海科学技术文献出版社
地　　址：上海市长乐路 746 号
邮政编码：200040
经　　销：全国新华书店
印　　刷：常熟市华顺印刷有限公司
开　　本：650×900　1/16
印　　张：13.25
字　　数：127 000
版　　次：2018 年 8 月第 1 版　2018 年 8 月第 1 次印刷
书　　号：ISBN 978-7-5439-7680-1
定　　价：32.00 元
http://www.sstlp.com

目 录

带翼的金属——铝及其合金

铝和铝合金是现在人们最熟悉的金属材料之一。金属纯铝质量很轻，密度才 2.7 克 / 立方厘米，而且加工性良好，可以做成各种形状的餐具和日用品。但铝的强度比较低，一碰就扁。怎样才能使它变得更强更硬，以适应更高的要求呢？冶金学家发现，许多合金的强度往往比制造这些合金的纯金属要高得多。因此他们决定寻找纯铝的"盟友"，以使铝变得更坚强。20 世纪初的一天，德国化学家威姆研制了一种含铜、镁和锰的铝基合金，这种合金的强度比纯铝还要高。但他仍不满足，他猜想能否通过淬火工艺进一步提高它的强度。实验证明事实的确如此，合金的强度果然提高了。但是细心的他发现，不同的试样得到的实验结果有较大差异。威姆开始怀疑所用的仪器和测量精度有问题。他花了几天时间检查仪器。在这段时间，他把无暇过问的试样一直放在工作台上。当仪器再次准备好，进行测量时，他意外发现，试样的硬度比以前高多了。他非常奇怪，几乎不相信自己的眼睛，因为仪器上显示的强度竟比以前高了一倍！于是，威姆决心搞清其中的奥秘。他一次次重复试验，终于发现，合金的强度都是在淬火后的5～7天中连续增加的。这就是威姆偶然发现的铝合金淬火后的自然时效现象。他当时并不知道金属内部发生了什么变化，但他通过试验发现了合金的最佳成分，并取得了专利权。他把这种高强度铝合金称为"杜拉铝"，是以他最早从事这种合金生产的城镇"杜莱恩镇"命名的。后来，这种合金被称为"硬铝"，因为它的硬度和强度比一般的铝合金高得多。

由于铝合金质轻而强度高，加上20世纪电力工业的迅速发展，实现了铝的大规模生产。铝和铝合金的应用也迅速扩大，从初期用于制作珠宝和珍贵餐具走向天空。铝材从1919年开始被用作飞机蒙皮和其他零件，这些零件是以铝为基础，并含有铜、镁、锰等元素的铝基合金。因此铝曾被称为"带翼的金属"。21世纪的新型飞机，对铝更是寄予厚望。因为在铝中加入3%～5%的比铝更轻的金属锂，就可以制造出强度比纯铝高20%～25%、密度仅2.5克/立方厘米的铝锂合金。这种合金用在大型客机上，可使飞机的重量减少5吨多，而载客人数不减少。据专家推算，一架波音747飞机，用铝锂合金代替普通铝合金，一年就可增收上千万美元。随着人类对太空领域探索的拓展，铝材料以其质轻的特性进入了航天领域。1960年，美国曾发射了一颗叫"回声一号"的无线电信号反射卫星，它像一个直径约30米的巨大圆球，其外壳是用铝气化后镀在一种塑料上制成的。尽管外壳的容积大得惊人，但重量还不到62千克。有一种专门研究太阳发射带电粒子的卫星，它的荧光屏是用最纯的铝箔蒙盖着的。

铝在20世纪末的新材料中也充当着重要角色，它有良好的导电性和可塑性，已成为日益短缺的铜导线的最佳代用品以及生活用品的重要材料。可见，铝已经走出珠宝商店，进入了千家万户。铝现在已进入更广泛的应用领域，例如，一些镀铝膜的纺织品具有特殊的防热和保暖功能，用它们制成的外衣、毯子、帐篷，备受地质学家、旅游者、渔民、炼钢工人和在热带地区工作的人们的欢迎，因为它们在冬天特别保暖，而夏季又特别防热，这是由于织物上的铝膜在夏天可以把外界的热反射出去，在冬天可以把散出的辐射热反射回来。前捷克斯洛伐克的科学家曾制造过一种毯子，是一种非常理想的"恒温室"，而且非常轻，只有55克重，可以折叠起来装进一个香烟盒大小的盒子里。

（黎　黎）

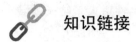 **知识链接**

铝合金

铝合金的主要合金元素有铜、硅、镁、锌、锰，次要合金元素有镍、铁、钛、铬、锂等。铝合金密度低，但强度比较高，接近或超过优质钢，塑性好，可加工成各种型材，具有优良的导电性、导热性和抗蚀性，工业上被广泛使用，使用量仅次于钢。铝合金分两大类：铸造铝合金，在铸态下使用；变形铝合金，能承受压力加工，可加工成各种形态、规格的铝合金材，主要用于制造航空器材、建筑用门窗等。

从"愚蠢的合金"到高技术的宠儿——金属玻璃

说起玻璃，人们可以追溯的世界上第一块人造玻璃，是在距今 5 000 年前、位于伊拉克的美索不达米亚平原上制造出来的。中国在公元前三四世纪左右已有琉璃珠的发明，闻名于世的出土文物"金缕玉衣"的头部两侧，各放置一尊湖绿色的"曲水流觞"耳环，这便是 2 000 多年前的中国最早的玻璃——古琉璃制品。现在，没有人不知道玻璃的存在，可是你知道一种神奇的新"玻璃"——金属玻璃吗？

金属玻璃是在玻璃里面加了一些金属吗？不是的。实际上它是一种特殊的金属合金材料。一般情况下，金属在冷却过程中会结晶，它内部的原子遵循一定的规则有序地排列。但是，快速凝固能够阻止晶体的形成，使原子处于随机无序的排列状态，所以它在微观结构上更像是非常黏稠的液体而不像固体，这种材料因此被称为金属玻璃。形象地说，如果金属材料中原子的排列像被检阅的士兵方阵那样有序，它就是晶态材料；如果原子的排列像集市上人群那样杂乱无章，它就是金属玻璃。从颜色和外形看，它与普通金属材料没有什么不同，但其力学、物理、化学、机械性能都发生了显著的变化。

1959 年，杜威兹等人首次成功地制备出 Au-Si 金属玻璃后，当时的一位物理学家看到这种合金材料，曾嘲讽地说这是一种"愚蠢的合金"。殊不知这一新发明开创了后来的金属材料科学与固体物理研究的新领域。由于金属玻璃具有独特的无序结构，兼有固体和液体、金属和玻璃的特性，因而具有非同寻常的物理和化学性能。但在 20 世纪 90 年代以前，由于人们还只能生产厚度为 20~30 微米的薄带状金属玻璃，其应用领域受到很大的限制。因此，金属玻璃的存在也就不为一般人所知了。20 世纪 90 年代初，日本和美国相继研制出三维尺寸都达数厘米量级的块体金属玻璃，使金属玻璃成为高技术的宠儿，很快在军事、宇航、民用等领域大显身手。

在 1991 年的海湾战争中，美国的一种以贫铀材料为主制成的导弹和穿甲弹，因其具有良好的穿甲力在战斗中大显身手，成为攻击坦克、地下

▼ 金属玻璃效应

堡垒的锐器。但是，爆炸后的贫铀弹具有放射性，残留在土壤中对环境造成了严重危害，美国因此受到国际舆论的普遍谴责。美国一方面矢口否认贫铀弹的危害，另一方面大力加紧一种新型材料——大块金属玻璃的研制，用于代替贫铀弹。

为什么金属玻璃能担当如此重任呢？这是因为，块体金属玻璃具有独特的力学和机械性能，强度高，韧性和耐磨性明显优于一般金属材料，能够显著地提高许多军工产品的性能和安全性。美国军方正与美国加州理工学院等高校、科研机构合作，研究用于制作穿甲弹弹芯材料的块体金属玻璃及其复合材料，他们希望在未来战争中，用超强金属玻璃穿甲弹来替代贫铀弹。美国等国家还装备金属玻璃反装甲武器，同时还用作复合装甲的夹层，提高了坦克、战斗机、舰艇和其他装备的防弹能力。

金属玻璃在太空探索中也发挥了独特的作用。例如，美国宇航局在2001年发射的"起源号"宇宙飞船上，安装了用块体金属玻璃制成的太阳风搜集器，因为金属玻璃中的原子是随机密堆排列，所以能够有效地截留住高能粒子。不仅如此，由于金属玻璃的低摩擦、高强度和增强的抗磨损特性，块体金属玻璃已经被美国宇航局选为下一个火星探测计划中钻探岩石的钻头保护壳材料。

金属玻璃的另一个有趣的应用是高尔夫球球杆等运动用品的制作。打高尔夫球被认为是一种高尚的体育运动，全世界每年生产球杆上的杆头就有数亿美元的产值。

杆头的能量传递特性是一个主要指标，起初用不锈钢来做，能够传递约 60% 的能量给球，其余的能量因杆头的形变而被球头吸收；后来改用钛合金，能够传递约 70% 的能量给球；而锆基金属玻璃能够传递 99% 的能量到球上。俗话说，"枪打出头鸟"，由于金属玻璃性能太过突出，以至于不得不规定用金属玻璃制成的杆头不能用于高尔夫球职业赛。此外，金属玻璃也将在棒球、网球拍、自行车和潜水装置等许多体育项目中得到应用。

当然，金属玻璃的用途远不止这些，人们正在研究它在消防等特殊用途的镜面制造、光纤通信、化工等领域的应用，相信我们的生活会因这种神奇的材料而更美好！

（储德韦）

金属中的氢脆

～～～～～～～～～～～～～～～～～～～～～～

　　20 世纪 50 年代，某锻造厂光亮的模锻件，第二天表面就布满了一个个小鼓包，又过了两天，鼓包又变成了比头发还细的裂纹（又称发裂）；某轧钢厂大批钢坯发生异常断裂事故，堆垛时压断，传送辊道上震断，推钢机推断，甚至连磁力吊车吸、放也会断，在断口上可见许多亮点（又称白点）。上述事故中，钢的硫、磷、夹杂物含量并未超标，加工工艺也无差错。为什么会出现这一系列怪现象？当时冶金界因此陷入迷茫，不知所措。

　　解决这个世界难题的，是我国著名的冶金物理学家李薰。

　　第二次世界大战初期，英国某勋爵的儿子驾驶一架战斗机参加皇家空军飞行表演，因飞机引擎主轴突然断裂而机毁人亡（见附图）。其时，李薰正在谢菲尔德大学留学，他和导师安吉鲁教授一起参加了这次事故的调查和分析。对于事故的原因，众说纷纭，莫衷一是。当时年仅二十多岁的李薰，力排众议，认为造成惨剧的罪魁祸首是钢中含量过高的氢。李薰成为这一领域的创始人，获得了白朗杯奖章和奖金。

钢在冶炼时，空气中的氢、废钢及铁合金含的水分在高温下会产生氢，并以原子态溶入钢水中，原子氢在液态钢中溶解度大，在固态钢中溶解度小，两者相差很大。冷凝时，原子氢来不及从固态钢中逸出，只好强留在钢中。高温下，原子氢在钢中扩散能力强，易在晶体缺陷、冷热加工引起的显微缺陷处聚集。室温下，原子氢会慢慢变成分子氢。这一过程常有滞后性，即需要几天、数月甚至几年的孕育期。一旦形成分子氢，它就不能再扩散了。分子氢的拥聚，会产生巨大的内应力，直到出现裂纹。若钢中有碳化物，氢与碳化物反应生成甲烷，其压力也足以使钢产生裂纹。这些微小的裂纹，即是将来钢突然脆断的发源地，我们把这种现象叫氢脆。

李薰还定量地指出氢含量与氢脆的关系，每100克钢中含氢达2毫升时，即使钢的塑性下降，而当时每100克钢中含氢高达4~6毫升，这样，发生氢脆就在所难免了。飞机引擎主轴断裂，模锻件表面从鼓包到裂纹密布，钢坯大批量断裂，巨轮突然裂断等，就是这个在自然界元素里体重最轻、"块头"最小的氢在作怪。"小块头"，却是"大力士"，它不但在冶炼时可溶入钢液，并潜伏其中，在热处理、酸洗、电镀、电焊时，氢也会钻进钢里"搞破坏"。1971年，某飞机厂因一零件易脆断，影响了几百架飞机的交付使用。周恩来总理、叶剑英元帅亲自过问此事，李薰受命到实地考察，很快得出结论，原来还是氢在作怪。因零件经不恰当的冷加工变形，增加了晶体内缺陷数目，使分子氢的拥聚点增多。在酸洗、电镀时所产生的大量氢钻进钢里，事后，又未进行必要的脱氢处理，零件出现氢脆就不可避免了。

李薰在1942～1948年间发表了一系列氢脆论文，对钢铁冶金的理论和实践做出了重大贡献，在世界冶金界影响很大。

李薰的氢脆理论指导了实际生产。近年来，真空冶炼、炉外精炼（电磁搅拌、惰性气体搅拌、真空脱气等）冶金技术的应用，使钢中的氢含量在百万分之二以下，人们可以不必担心氢脆的出现，但是氢还会在其他工艺如加热、酸洗、电镀、热处理等过程中钻进来，还得特别小心！

（张寿彭）

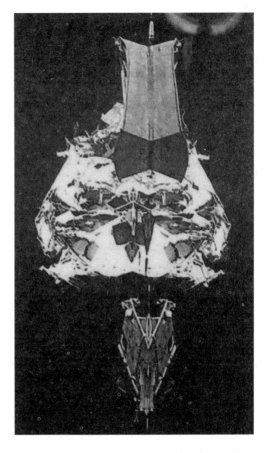

▲ 由于氢脆致使飞机发动机爆炸

垃圾堆中发现的珍宝——不锈钢

不锈钢对我们来说是再熟悉不过的名字了，生活中到处可以看到它的影子，比如家庭厨房里的菜刀、炒锅、碗勺，还有携带方便的小剪刀，而它在工业生产中的应用，那就更是不胜枚举了。不锈钢作为用途极为广泛的合金材料，曾被人们称为20世纪的钢材。它表面光亮夺目，引人喜爱，而且还具备很多优良的合金性能。那么，不锈钢是谁发明的？又是什么时候开始应用的呢？

第一次世界大战期间，英国科学家亨利·布雷尔利受英国政府委托，从事武器的改进工作。那时，士兵用的步枪枪膛极易磨损。布雷尔利想发明一种不易磨损的、适于制造枪管的合金钢。1913年，他在一次研究实验中，把铬金属加在钢中试验，但由于一些原因，实验没有成功，他只好失望地把它抛在废铁堆里。过了很久，废铁堆积太多，要拿去倒掉时，奇怪的现象发生了。原来所有废铁都锈蚀了，仅有那几块含铬的钢依旧是亮晶晶的。布雷尔利很奇怪，就把它们拣出来并进行仔细研究。研究结果表明，含碳0.24%、铬12.8%的铬钢，即使在酸碱环境下也不会生锈。但由于它太贵、太软，没有引起军部的重视。布雷尔利只好与莫斯勒合办了一个餐刀厂，生产"不锈钢"餐刀。这种漂亮耐用的餐刀立刻轰动欧洲，而"不锈钢"一词也不胫而走。布雷尔利于1916年取得英国专利权，并开始大量生产。至此，从垃圾堆中偶然发现的不锈钢便风靡全球，亨利·布雷尔利也被誉为"不锈钢之父"。

随后，不锈钢因为其良好的合金性能开始被用于工业生产，如各种机器零件的制造，桥梁和建筑物的建造，城市管道的铺建等等。后来，更被大量地应用于建筑物的装饰和室内装修，如闪闪发光的栏杆扶手，各种精美的器皿及工艺品。现在，不锈钢已经深入我们日常生活的各个方面。

当然，不锈钢的"不锈"也只是相对的，在一定条件下也可能生锈。如某些不锈钢在高温时会有生锈的倾向，或者在受力和特定的腐蚀介质联合作用下易发生腐蚀，但这些腐蚀都可以采取措施避免。目前，不锈钢仍然不失为合金钢舞台上的华丽主角。随着科技的日新月异，科学家们在不锈钢中加入各种新元素，如镍、钼、钛、铌、硼、铜、钒及稀有元素等，使其产生了更好的性能，进一步开拓了不锈钢的应用领域。

▲ 不锈钢制品

近年来出现的抗菌不锈钢是不锈钢家族中的新宠儿，它是在不锈钢中添加一些抗菌的元素如铜、银等，经过特殊处理而成。这种优良的抗菌自洁性预示着它的应用前景非常广阔。例如，现在餐馆中用的普通一次性木筷每副成本是一毛钱，一个人一年下来的费用就是一百多元。而用抗菌不锈钢做的筷子每副价格只有 2 元左右，按使用 5 年来计算，一副筷子就能节省 500 元左右。可以预见，不锈钢越来越普遍地走进千家万户的同时，这种品质优良的材料必将在更多领域发挥作用。

（黎　黎）

"哑巴金属"——减振合金

～～～～～～～～～～～～～～～～～～～～～～～

　　金属材料被用于制造各种机器和设备，不幸的是，它们同时也带来了严重的噪声污染。治理振动产生的噪声，固然可以采用附加隔音装置等方法，但势必使机器大型化、重量增加、成本提高。发明一种不产生振动噪声的金属材料来达到减振、消声的目的，这一直是材料科学家们梦寐以求的目标。传统的金属材料强度高、振动衰减性差，容易产生振动和噪声。为了兼顾高强度和振动衰减性好这两方面的要求，材料科学家们研制了减振合金。减振合金又称阻尼合金、无声合金、消声合金、安静合金等。据说，当初有一块含锰量为 80% 的合金掉在地上，并未发出多大的声音，因而引起了人们的兴趣。结果，英国成功研制出含锰、铜、铁和镍等成分的合金；美国成功研制出含 40% 锰、58% 铜、2% 铝的合金；我国的上海交通大学也成功研制出性能优良的锰铜合金。

目前生产中应用的减振合金有数十种，除减振和强度兼优的锰铜合金外，还有经常被用做机床床身的镍钛合金，用于机器底座的灰口铸铁，用于制造立体声放大器底板的铝锌合金，也有作为蒸汽涡轮机叶片材料的铬钢，还有用作火箭、卫星上精密仪器减振台架的镁锆合金等。

减振合金之所以具有优异的减振性，是由于材料的内部微观结构，它能够依靠材料内部易于移动的微结构界面，以及在运动过程中将产生的内摩擦（内耗）较快地转化为热能消耗掉，使振动迅速衰减，从而能有效地减少噪声的产生。如锰铜合金的减振性能是低碳钢的 10 倍，是名副其实的"哑巴金属"。用锤子敲打它，如同敲打橡胶那样沉闷，即使使劲把它摔在水泥地上，也只发出轻微的"噗噗"声。用锰铜合金制造潜水艇的螺旋桨，不会发出声响，从而不易暴露目标，增加了潜水艇活动的隐蔽性。将锰铜合金镶嵌在燃气轮机或凿岩机钻杆的轴承套上，机器开动时，它"不动声色"，可降低噪声几十分贝，为改善劳动条件"默默无闻"地做出了贡献。

减振合金最先出现在英国和美国，到现在只有几十年的发展历史。最初，它被用在导弹、飞行器和潜艇等先进武器上，以达到减振和消音的目的。后来它的使用范围迅速扩展，成为机械制造业、结构材料、家电、电力、汽车等行业有效的减振和降低噪音的新型材料。减振合金的发展和应用为降低噪声、创造安静舒适的工作和生活环境做出了杰出的贡献。

（宋维芳）

汽车制造业"新宠"——泡沫金属材料

在材料科学研究中，永不改变的话题是探索新材料。随着工业和科技的迅速发展以及社会进步，大自然提供的材料已经远不能满足今天高度发达社会的物质需求了，因此，人们提出用各种各样的方法冶炼出许多合金材料、烧结成各种陶瓷和金属间化合物、复合成各类高分子聚合物。20世纪90年代末，出现了一种新型材料"泡沫金属材料"，由于其具有许多优异的物理性能，已经在消声、催化载体、减震、屏蔽防护、分离工程、吸能缓冲等一些高技术领域获得了广泛的应用，尤其是在汽车制造业中，泡沫金属材料已经成为推动新一代汽车革命的原动力之一，成为汽车制造业的"新宠"。

那么，泡沫金属材料到底是一种什么样的材料？具有哪些优异的物理性能呢？又因何种魔力能够推动汽车

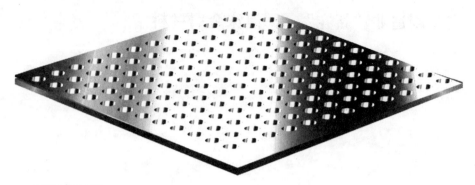

▲ 泡沫金属材料

业的新革命，成为汽车制造业的新宠呢？在回答这些问题之前，我们可以从追寻前辈们探索新材料的足迹开始，来讲述泡沫金属材料的出现及其独特的"魅力"。

人类在探索新材料的过程中，一开始总认为材料越致密、强度越大，就能够承受重负荷，如钢、水泥、玻璃等。但事实真是如此吗？其实，自然界提供的材料往往是泡状材料、多孔材料和泡沫材料，如：骨骼、树木、珊瑚等，那这些不致密材料的强度就不高了吗？答案当然是否定的。这里，不妨举两个例子来说明：大恐龙有25架飞机那么大，红木树可高达100米，重达2500吨。因此，人们得到了启发：泡状材料可能会同时具备最佳刚度、强度和重量等优点。因此，人们在探索新材料时，就有意识地模仿与大自然提供的材料具有一样的泡状结构的材料，这或许会是最佳选择。这种探索思路的改变，最终促使了泡沫金属材料的出现。

泡沫金属材料可以说是一种含有泡沫状气孔的金属材料。与一般烧结多孔金属相比，泡沫金属的气孔率更高，孔径尺寸较大，可达7毫米。由于泡沫金属材料是由金属基体骨架连续相和气孔分散相或连续相组成的两相复合材料，因此其性质取决于所用金属的基体、气孔率和气孔结构，并受制备工艺的影响。通常，泡沫金属材料的力学性能随气孔率的增加而降低，导电性与导热性随着气孔率的增加也呈下降趋势。当泡沫金属材料承受一定压力时，由于气孔塌陷导致的受力面积增加和材料应变硬化效应，使得泡沫金属具有优异的冲击能量吸收特性。已使用的泡沫金属材料有铝、镍及其合金等，泡沫金属材料的制备方法也很多，有粉末冶金法（可分为松散烧结和反应烧结两种）、渗流法、喷射沉积法、湿式电化学法、熔体发泡法、共晶定向凝固法等。在上述众多的制备方法中，除特殊要求外，作为工业大生产最有前途的是熔体发泡法，它的工艺简单，成本低廉，目前日本上市供应的就是熔体发泡法生产的泡沫铝块件。熔体发泡法技术难点在于选择合适的金属发泡剂，一般要求发泡剂在金属熔点附近能迅速起泡。

应该说，泡沫金属材料在过去的数十年中，已经得到了广泛的应用。这里再讲讲它为什么在汽车制造业尤其受到关注，成为汽车业新革命的主力军。

我们都知道，轿车车身材料主要是金属薄钢板，厚度一般在0.6～2.0毫米。但是，随着现代轿车技术的发展，要求轿车材料既有相当的强度，重量又要轻。选用铝材或是利用在低碳钢内加微量元素如铌（Nb）或者钛（Ti），生成这些微量元素的碳化物，附加一定的后处理工艺，制备出变形性好、厚度薄的高强度钢板，这些措施虽然在一定程度上也达到了既减少重量又能保持强度的目的，但是由于成本或是技术操作较难等原因，都很难真正实现产业化。

时势造英雄，泡沫金属在汽车制造业找到了一展身手的空间。泡沫金属主要指泡沫铝合金，它由粉末合金制成。通常的粉末合金是用粉末压制成型，或用金属粉末及塑料的混合物注射模制成型。在除掉分型剂及增塑剂之后，将压制的坯件烧结（一种温度在 1 000 ℃左右的热处理方式），使它们具有一定的特性。烧结的性质及应用范围，在很大程度上取决于孔隙率的大小。泡沫铝合金密度很小，承受很大的外力而变形压缩后，当外力撤去，凭着它自身的弹性可恢复到原来的形状，有点像橡胶。专家认为，若外来总能量假定为100%，泡沫铝合金变形量为它的60%时，可承受外来总能量的60%。由于它本身具有一定的强度，可以经过多次这样的变形循环而不会损坏。泡沫金属的质量很轻，密度只是铝合金材料的1/4 不到，热膨胀系数与铝合金材料一样，热导率又相当低，加上它的变形恢复性能极佳，又有一定的强度，可以在轻量化及安全性方面显示优势，因此受到汽车业的极大重视。目前，用泡沫铝合金做成的汽车零部件有发动机舱盖、行李箱盖、翼子板等。泡沫铝在高架路及某些建筑用隔音设备中也已有了很大的应用。在安全性设计中，将泡沫金属用作吸收碰撞能量的主要材料是十分适宜的。因为，目前汽车的安全设计不但要考虑乘用人的安全，还要考虑到其他车辆及行人的安全。

随着科技的发展以及材料研究的深入，泡沫金属这一新型材料将会在航空航天、汽车制造、化工、建筑以及军工等领域里淋漓尽致地发挥出其独特的魔力。

（尹志坚）

 ## 知识链接

太空中的新材料

美国有一位叫富兰克林·科克斯的工程学教授，是研究金属材料的行家。他对比了各种金属的密度和它们的化学性质后，意外地发现，金属的密度或比重和其化学活性有密切关系。即金属的密度越小，它的化学活性就越大。比如锂，是金属中密度最小的，比水还轻，因此特别活泼，在室温下就能和空气中的氧、氮起猛烈反应。而铂、金、铱、锇等贵金属的比重大，因此在空气中非常稳定。

科克斯经过多年研究，在1963年宣布发现了这个并不深奥但却被许多人视而不见的规律。到了20世纪90年代，科克斯把这个理论运用到了航天领域。在航天领域中，为节省燃料和各种费用，总希望用质轻而结实的材料。像锂、镁等金属比重虽轻，但在地面上使用有许多不足，尤其是做结构材料几乎不可能，因为它们太活泼，易氧化着火。但它们在太空中却大有用武之地，因为在太空中没有地球上引起锈蚀和化学反应的空气，那里几乎是真空。

于是，科克斯决定对这些轻金属进行"改造"。他知道，塑料如果进行泡沫化，可以使密度成倍成倍地降低，变成很轻但很有用的泡沫塑料。如果把这些金属也变成泡沫金属，它们的密度也会变得更小，小到可以在水中浮起来，但化学性质是否会变得稳定一些呢？

1991年，科克斯利用"哥伦比亚"号航天飞机进行了一次在微重力条件（即失重状态）下制造泡沫金属的实验。他设计了一个石英瓶，把锂、镁、铝、钛等轻金属放在一个容器内，用太阳能将这些金属熔化成液体。然后在熔化的金属中充进氢气，使金属产生大量气泡。这个过程有点像用小管往肥皂水中吹气，会产生大量泡沫一样，金属冷凝后就形成到处是微孔的泡沫金属。

这种泡沫金属能做结构材料吗？实验证明，用泡沫金属做成的梁比同样重量的实心梁的刚性高得多。因为泡沫使材料的体积大大扩张，获得了更大的横截面，因此用泡沫金属制造的飞行器，可以把总重量降低一半左右。

用泡沫金属建立空间站还有一个优点，即当空间站结束其使命时，可以让它们重返大气，它们将在大气层中迅速、彻底燃烧，化成气体，减少空间垃圾。

见不得光的金属——铯

提起金属，人们立刻会想到它那坚硬如钢、闪闪发光的样子。然而，世界上却有一种见不得阳光的金属，在烈日的照射下，会变得"骨酥筋软"，瘫成一摊稀泥，这就是金属铯。

铯在元素周期表中排在第 55 号，是 1860 年德国化学家本生和光学物理学家基尔霍夫发现的。他们用分光镜对一种叫杜尔汉的矿泉水进行光谱分析时，得到了两条不知来源的蓝线，经证明是一种新元素造成的，他们把这种元素命名为铯，符号为"Cs"，源自拉丁语"天空的蓝色"。为此，他们蒸干了 440 吨杜尔汉矿泉水，反复重结晶上百次，终于分离出铯的化合物。1881 年，科学家塞特堡首次用电解法得到了金属铯。

铯是金属家族中最娇嫩的一位。说它"娇"，因为它的熔点只有 28.4 ℃，如果把它放在手掌上，它会像冰棍掉在热锅里一样；说它"嫩"，嫩得像块石蜡，用小刀就可以像削苹果一样把它切削成任何形状。你可别认为铯"软弱可欺"，它可是喜怒无常的哟！把铯放在空气中，它就会像磷一样燃烧起来；放进水里，它就会像炸药一样爆炸。为了让铯"老实"点，人们不得不把它"囚禁"在煤油中，让它"与世隔绝"。

如今已进入 21 世纪，随着现代高新技术的迅速发展，铯在许多领域发挥了其不可替代的作用，这是因为它具有的种种特殊性能。

铯之所以见不得光，是因为它对光线特别敏感，即使是在极其微弱的光线照射下，它也会放出电子，产生电流，这就是人们常说的"光电现象"。利用这一特性，人们把铯喷涂在铝片上，就可制成"光电管"。这种光电转换装置可以实现光照和电流的转换，而且光线越强，得到的电流越大。铯的这一特性有着十分广泛的应用前景。

人们十分熟悉的电视，在进行光电转换时靠的就是光电管。电视节目在拍摄制作过程中，光电管把所摄物体反射的光线变成强弱不同的电流，然后，经电视台以电磁波的形式发射出去，送往各地，供千家万户的电视机接收。电视机收到电信号之后，再经过转换，使电信号变成图像，人们就可以观看到各种喜爱的节目了。

科学家还利用光电管做成了自动报警设备，用来代替人看守重要地区和仓库等部门，如果有人来进行破坏或盗窃活动，一旦遮住预先围绕建筑物及各种物品上的光线，光电管就会使电铃、警灯等信号器接通，发出紧急警报，通知有关人员迅速采取措施。

铯还可以做成体积小、重量轻、精度高的计时仪器——原子钟。大家知道，地球每转一周所需时间为 24 小时，它的 1/86 400 就是 1 秒，但是地球的自转速度并不稳定，而是时快时慢。经研究发现，铯原子最外层的

▲ 见不得光的金属——铯

电子绕着原子核旋转的速度总是极其精确地在几十亿分之一秒的时间内转完一圈，其稳定性比地球自转高得多。人们利用铯原子的这一特性制成了一种新型的钟，即铯原子钟，规定一秒就是铯原子"振动"9 192 631 770 次，相当于铯原子的最外层电子旋转这么多圈所需要的时间，这就是"秒"的新定义。有了铯原子钟，就有可能从事更为精确的科学研究和生产实践，如对原子弹和氢弹的爆炸、火箭和导弹发射，以及宇宙航行、人造地球卫星等，可以实行高精确的控制与运行。

铯在其他许多方面都有用武之地。铯在有机和无机合成中可用作催化剂。铯原子受热后很容易电离，所形

成的正离子会加速到很高的速度，能为火箭推进器提供强大的推力，因此被选作航天动力系统的燃料。放射性铯同位素可用于辐射育种、食品辐照保藏、医疗器械的杀菌、癌症治疗和辐射加工等。

由于铯的"脾气"太过喜怒无常，人们对它的各种性质的认识还不够，因此科学家们正在投入大力气来研究它。随着研究手段和水平的提高，相信科学家们会逐步揭开它那美丽而神秘的面纱，进一步为人类造福。

（储德韦）

"轻柔活泼"的两姐妹——碱金属钾和钠

　　自然界金属态的钾和钠是不存在的，但它们的化合物却大量分布于地球各处的岩石、土壤及海洋里。人类很早就和钠、钾的化合物打交道了：我们每天吃的食盐，主要成分就是氯化钠；作陶瓷原料用的钠、钾长石，其中就含钠与钾的氧化物；农业上的草木灰肥料就含碳酸钾；我国古代四大发明之一的火药，就有含钾与钠的硝酸盐……然而，长期以来，人们并不知道这些化合物的构成，还误以为它们是不可再分的元素呐！大约到了18世纪初，一些细心的化学家发现，有些碳酸盐或其他化合物的性能相近但却有不同的结晶形状，从而推测这些物质可能是由不同的元素组成的化合物。

　　1807年10月，英国青年化学家戴维揭开了谜底，他电解熔融无水氢氧化钾时，在阴极上发现一粒粒水银般

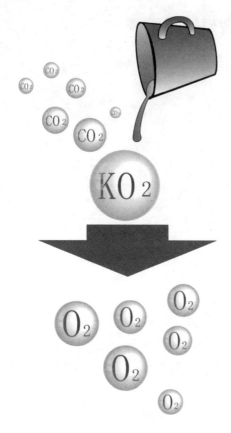

▲ 超氧化钾加水效应

的小颗粒，经鉴定，小颗粒是一种新金属——钾，他又用同样的方法电解熔融无水氢氧化钠，获得另一种新金属——钠。

钾、钠的发现，使当时人们固有的传统金属观念受到巨大冲击，一般认为金属应当是沉甸甸、硬邦邦的。可是钾的密度为 0.87，钠为 0.97，比水还轻。摸上去软绵绵的，用普通的小刀就可以轻易地切开。熔化它们也不要熔炉，因为钾的熔点为 63 ℃，而钠为 97.7 ℃。更令人称奇的是，它们的化学性质异常活泼，暴露在空气中就立刻氧化，失去金属光泽，披上一层氧化薄膜。所以只能将金属钾、钠"与世隔绝"，存放在脱水的变压器油或煤油中。它们一旦遇到水，会立刻产生剧烈的化学反应，在水面上乱窜，嗞嗞作响，还冒起缕缕白烟，放出氢气，并激烈地燃烧起火。钾焰为紫色，钠焰为黄色。因为它们在水中生成的氢氧化钾和氢氧化钠均为强碱，故钾、钠又称为碱金属。它们同在元素周期表第Ⅰ族，是"身体轻盈柔软、性格异常活泼"的两姊妹。钾比钠更加活泼，即使把钾放在冰块上，也会自行燃烧，将冰烧出一个洞。

钾、钠在工业上应用很广，利用它们强烈的吸水性和与氧气化合的能力，可用作脱水剂与脱氧剂；生产电子管时，可用来吸收管内的残氧和水分；在有机合成工业及稀有金属冶炼中，可作还原剂。钠可把丁烯触媒聚合成丁钠橡胶，其性能可与天然橡胶媲美。钠还可作为油品脱硫剂，生产汽油抗爆剂四乙基铅和制造钠光源等。液态钠的冷却能力极强，比水高 40～50 倍，故用作原子反应堆的高效冷却剂。用钠砖建造的中子反应堆，不仅体积小，而且造价低廉。

钾用来制造超氧化钾（KO_2），可为宇宙飞船、潜水艇乃至未来的月球住宅提供氧气仓库。因为超氧化钾吸收二氧化碳和水分后能放出氧气，每千克超氧化钾可释放出 336 升的氧气。

钾、钠的研究与应用已近两百年了，但我们对它们的认识还是不够的。传统观念告诉我们，钾和钠是最容易形成正离子的，但钾、钠在液氨中形成的深蓝色溶液，其中的钠离子却是 -1 价，故溶液具有优异的导电性能。这个出人意料的奇怪现象，已经引起广大科技工作者的极大兴趣。我们相信在新世纪里，钾、钠的应用前景将更加广阔。

（张寿彭）

迎接钛时代的来临

～～～～～～～～～～～～～～～～～

　　如果说钢是 19 世纪中叶轰动一时的金属，铝是 20 世纪初轰动世界的金属，镁是 20 世纪中叶震惊世界的金属，那么 21 世纪初轰动一时的金属又是什么呢？是钛。如果按人类对各种金属价值认识的早晚来划分的话，应该说钛在金属中的排行还是小弟弟呢！

　　1795 年，德国化学家马丁·克拉普罗士在分析一种叫作金红石的矿石时，发现了一种新元素，并取名为"钛"。这是由希腊神话中吉亚女神的儿子"太坦"这个名字引申而来的。"太坦"的意思是"巨人"，但那时人们还得不到纯净的钛，因而也就无从认识这位"巨人"的价值了。

　　1925 年，荷兰化学家万·阿凯在对四氯化钛加热和分解的过程中获得了高纯度的钛，从此，钛便逐渐向科学家显示出许多令人吃惊的特性：一是密度小、强度高，它的重量比同样体积的钢铁轻一半，但却像超级强度的钢那样能够经得起锤击和拉伸；二是耐高温，在高温的冶炼炉中，铁被熔化成了铁水，钛却依然故我；三是耐低温，在超低温的环境里，钢铁会变脆，钛却比平时更坚硬，还能把自身电阻降到几乎为零，成为节能高手；四是耐腐蚀，在酸、碱等腐蚀液中，各种金属都被腐蚀得"百孔千疮"，钛却能"面不改色"。

金属钛所具有的特点，使它成为当今发展尖端技术必不可少的结构材料，在航空、航天、航海以及化工、医疗卫生等领域中得以广泛应用。

在宇宙航行中，火箭、导弹、人造卫星和宇宙飞船等的飞行速度很快，又要经历从高温到超低温以及从超低温到高温的变化过程。用钛材料制成的火箭发动机壳体、燃料储箱、压力容器、飞船船舱等，能够在 $-253\ ℃\sim500\ ℃$ 范围内正常进行工作，并可以长期使用。

就飞机而言，目前大部分的飞机机体都是用铝合金制造的。当飞机在天空作超音速飞行时，飞机表面受到空气强烈的摩擦和压缩，动能转变为热能，机体温度也随之升高。飞机的飞行速度愈快，机体温度就愈高。当飞机速度达到 2 倍音速时，铝合金的强度便会显著降低；当速度达到 3 倍音速时，铝合金机体会在空中碎裂，发生十分可怕的空难事故。而钛合金在温度达到 $550\ ℃$ 时，强度仍无明显的变化，它能胜任飞机在 $3\sim4$ 倍音速下的飞行。因而钛合金受到航空航天界的特别关注。

钛不仅能帮助人类飞向天空，还能帮助人们潜入海洋。据报道，用钛制成的核动力潜艇，每艘用钛量达上千吨。这种潜艇不仅重量轻、航速高和攻击力强，而且无磁性，在海底不易被发现，因而也就很难遭到攻击。

在化学工业上，由于钛耐腐蚀性能好，现已代替不锈钢来制造多种化工机械，如蒸馏塔、热交换器、压力容器、泵及各种管道等。因为任何酸碱都奈何它不得，钛材料做管道可用来输送腐蚀性的液体，比不锈钢管道寿命长很多倍。

在医学领域，由于钛与人体各种组织的相容性很好，故可用来代替人体内被损坏的骨骼。如人的大腿骨因外伤不能治愈时，可用金属钛人造骨骼来代替，因为它和人体骨骼密度相近，人体的排斥反应也就较小。

在其他领域，钛也有奇妙的应用。例如，日本发明了一款不用牙膏的牙刷，关键就在于连接刷杆及刷头的是钛金属棒，它能把光线转化为负离子能量，当牙刷与牙齿触碰时，负离子吸引正离子，牙垢和污渍在分子水平瓦解，就达到了洁齿的目的。临床实验证明，其洁齿效果比一般牙刷及电动牙刷都要好呢！

钛是如此"神通广大"，可为什么在 20 世纪没有得到大规模的应用呢？这是因为，它平时总是和氧紧紧地抱在一起，难解难分，到目前为止，工业上还没有一种好方法能够直接把钛和氧分开而得到金属钛，人们只好请氯、钠等从中"周旋"，炼出金属钛。

目前，世界各国的冶金、材料科学家都在孜孜不倦地从事钛冶炼和应用的研究。专家们认为，21世纪将是钛的世纪，不久的将来，人类将迎来全方位的钛时代。

（储德韦）

华夏发明数第一——钢铁冶炼技术

～～～～～～～～～～～～～～

  提起中国古代的科学技术发明，人们首先想到的是四大发明。造纸术、印刷术、指南针、火药被列为华夏诸发明之首，是以对西方近代文明的推动和影响程度为标准的，也是由欧洲学者提出的。如果以对中国文明的发展所起的作用大小为标准，把我国古代的创造发明排序的话，钢铁冶金技术应排在第一位。

  一般认为，冶铁技术大约是在公元前 2000 年最早产生于小亚细亚。中国的冶铁技术大约产生于春秋晚期。中国铁器时代在较低温度下使铁矿石还原成固态铁的同时，几乎就能够冶炼和铸造生铁。中国的冶铁业走的是一条独特的发展道路，中国独享生铁之利达 2 000 年之久。中国文明圈之外的其他古代文明都没有大规模使用生铁，它们的冶铁技术是建立在炼铁和锻造的基础上的，在生产效率和成本方面与中国古代的冶铁技术有天壤之别。欧洲直到文艺复兴之后，才掌握了生铁冶炼技术，发展了炼钢方法，为工业革命提供了物质基础。

人类在公元前 28 世纪已经对陨铁进行加工（我国最早的陨铁刃铜钺出现在公元前 14 世纪，陨铁兵器现已发现 7 件），人工冶铁迟至公元前 1200～前 1000 年（相当于晚商至西周）才开始，其发源地一般认为是当时的赫提帝国（今土耳其中部）。我国中原地区在较好地掌握铜合金技术和陨铁锻造后，至迟于公元前八九世纪之交已经掌握了人工冶铁锻造技术，以精湛的技艺制作了在河南三门峡地区出土的玉心金柄刃剑。山西南部考古发掘已经表明，公元前六七世纪之交，中国已冶炼了生铁。从公元前 6 世纪起，中国进入铁器时代，同时广泛应用生铁铸造技术。自公元前 4 世纪（战国中期）起，中原人将铁器向全国广大地区推广，北起吉林，南到广东，西到新疆，都出土了相当数量的铁制生产工具，铁农具在农业生产中占有主导地位。河北省石家庄赵国遗址出土的铁农具占出土农具数量的 65%；辽宁抚顺出土燕国铁农具占所出铁器数量的 90% 以上。铁农具的大量使用，也显示了铁农具的标准化萌芽和高超的铸造技术。公元前 5 世纪，中国人在黄河流域发明了用白口铸铁退火制造韧性铸铁（或称可锻铸铁）的技术，消除或降低了铸铁的脆性。这一工艺的发明为中国古代大规模生产铸铁农具、工具、兵器及日用器件等创造了技术条件，大大促进了生产力的发展。

秦汉时期是我国钢铁手工业空前繁荣的时期。秦始皇统一中国后，曾强令冶铁业主迁移，促进了冶铁技术的传播和普及。汉代冶铁业已有较完整的管理机构，汉武帝于公元前 119 年实行盐铁官营，在全国各地设立铁官 49 处，每个铁官下辖一至几个作坊；不产铁的县也设了小铁官，负责销旧器、铸新器。同一铁官管辖的作坊依次编号，所产铁器多以编号为商标。现已发现含有"河一""河二""河三"和"阳一""阳二"的汉代铁器，就分别是当时的河南郡和南阳郡冶铁作坊的商标。

汉代也是冶铁技术大发明的时期。牛排、马排、水排等大型畜力或水力鼓风技术的发明，使冶铁高炉容积得以加大，单炉产量不断提高。河南省古荥汉代冶铁遗址发现了两座很大的椭圆形高炉，其中较大的一号炉炉缸的长轴约为 4 米，短轴为 2.8 米，截面积约 8.5 平方米，容积约 40～50 立方米。此高炉可能是汉代冶铁业大型化过程中的一个试验炉，因鼓风方面的问题而造成炉缸冻结，留下了 2 块重达 25 吨的积铁块。

强化鼓风使铁的产量和质量都得到提高。西汉时期不仅有质量较高的白口铸铁，还有灰口铸铁，两者都属于低硅中磷生铁，含硫量很低，完全达到了现代生铁的质量标准。百炼钢、炒钢、灌钢、生铁固态脱碳等炼钢方法，以及钢铁热处理工艺也是在汉代得到充分发展，至南北朝时期成熟的。

正是中国古代以生铁冶炼为最明显特征的一整套钢铁冶金技术体系，为农业提供了质优价廉的铁农具，为军队装备了精良先进的铁兵器，构成了中华文明发展和自卫的物质基础。

在冷兵器时代，欧亚大草原上的游牧民族始终是周边农耕民族的威胁。世界史上赫赫有名的欧亚文明古国，都在游牧民族的铁蹄下毁灭了，只有中国有幸成为世界上唯一的文化不曾中断的文明古国，这与汉朝成功地抵挡住了游牧民族匈奴人的入侵有直接的关系。

中原楚汉相争之际，正是蒙古高原匈奴兴起之时。匈奴单于冒顿（音"莫毒"）弑父夺位，灭东胡，走月氏，有"控弦之士（骑射部队）三十万"，把目标转向了新兴而柔弱的汉朝。打败项羽后的汉高祖刘邦，过高地估计了自己的实力，于公元前200年御驾亲征，结果在今山西大同附近的白登山被匈奴40万大军包围了7天7夜，这就是历史上有名的"白登之围"。要不是谋略家陈平买通了单于的阏氏（妻），广略财物，使匈奴解围而去，恐怕汉朝就夭折了。此后六七十年间，汉朝被迫纳贡献女，历史上称之为"和亲政策"。在此期间，中原财货特别是铜等金属大量流往匈奴地区，使之实力更加强大，汉朝北部边境依然是屡遭劫掠，难保安宁。

汉初的文景之治，使汉朝国力开始恢复。在此期间，官营、私营冶铁业都得到了极大的发展，为农业提供了大量优质钢铁工具。我国现代仍在使用的许多传统农具，其种类和型制在汉代就已基本定型。

战国时期，铁农具的使用以及相应的其他措施带来的农业革命使人口迅速增长，居民集中，大城市出现，为商业及经济、文化、医药技术、采矿、冶金、建筑和道路的发展提供了条件。兵器的原料来源扩大，改变了战争方式及军队和统治阶级的组成。农业革命的结果在不到几个世纪时间内改变了神州大地的经济、政治、军事、文化面貌，终于建立了幅员辽阔、人口众多（西汉末年，即公元前后之交，中国人口约为 6 000 万，当时世界总人口约为 1.4 亿）的秦汉大帝国。

恩格斯指出："铁使更大面积的农田耕作、开垦广阔的森林地区成为可能"。铁工具的广泛使用带来了农业的繁荣，增强了汉朝的国力。到武帝初年，经文景之治的恢复发展，汉朝的经济实力大为加强，汉武帝就是在此粮足马多的前提下发动了反击匈奴的战争。

▼ 河南省古荥汉代冶铁遗址出土的高炉积铁

武器是决定战争胜负的关键因素之一。战国秦汉时期，钢铁技术作为当时的高科技，在军事上被广泛利用。河北易县燕下都战国晚期墓中就出土有块炼铁掺碳钢锻制的铁剑、刀及铠甲，其中一把残缺的铁剑长达100.4厘米。湖南楚墓出土的铁剑最长达

140厘米。西汉还出现了一种长约100厘米、专用于劈砍的环首长刀，通常用百炼钢工艺、以优质炒钢反复折叠锻打而成，刀刃极为锋利，曹植在《宝刀赋》中赞扬这种刀，说它能"陆斩犀革，水断龙舟"。汉代铁质铠甲制作日臻完善，逐渐取代皮甲成为主要的防护装备，称为"玄甲"。

装备了长钢剑和钢甲的汉朝兵，比主要使用青铜短剑的匈奴兵，在战斗力方面有巨大的优越性。据《汉书·陈汤传》记载，匈奴士兵因兵器不利，5个兵只能抵1个汉兵。汉朝先进的冶铁技术通过汉匈战争传播到其他地区，新疆洛浦县阿其克山和库车县阿艾山发现的冶铁遗址，出土有与中原形制相同的鼓风管和汉代陶罐，是汉代冶铁技术西传的考古实据。

大汉天威基于铁，没有西汉高度发达的冶铁业提供的大量优质钢铁兵器，汉朝不可能完成其反击匈奴的大业，就连汉王朝及其所代表的华夏文化的生存都会遭受危机。经过近二三百年的殊死搏斗，汉朝终于击败匈奴而使之分裂成南北两部。南匈奴投降了汉朝，后来逐渐接受华夏文化，在南北朝时被同化为汉族。北匈奴则大部兵锋西指，驱赶各民族不断蚕食罗马帝国疆土，导致了世界范围内的民族大迁移。公元476年，罗马帝国终于在匈奴及其所推动的蛮族的进攻下灭亡了，欧洲从此陷入长达1 000年之久的黑暗的中世纪。

（李延祥）

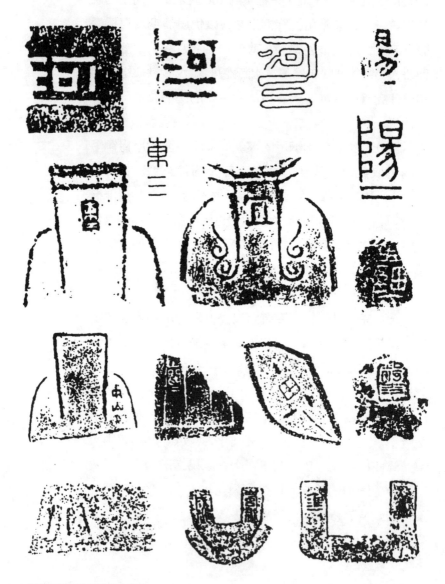

▲ 河南省发现的汉代铁器铭文

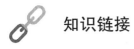

知识链接

炒钢的发明

　　西汉时期钢铁技术最重大的成就是炒钢（或炒铁）的发明。它是在地面上挖出缶状炉缸，内层涂以耐火泥，上置顶盖，做成炒钢炉。冶炼时，将生铁料烧成熔融或半熔融状态，鼓风吹炼并加搅拌，使其成为熟铁，或在有控制地脱碳的条件下成为低中碳钢以至高碳钢。流传至今的传统炼钢工艺仍沿用了这种方法。因为它以生铁为原料，价廉易得，生产率高，因此和其他制钢方法相比，有极大的优越性。它的出现和逐步推广改变了整个冶铁生产的面貌，是钢铁发展史上有划时代意义的大事情。这种方法始于西汉，东汉的《太平经》中就明确记载了炒铁技术，在河南巩县的古冶铁遗址中也发现了以炒铁技术制作的铁币和炒铁炉。

信息社会的宠儿——稀磁半导体材料

电子产品的出现极大地改变了我们今天的生活，标志着我们的社会进入了高度发达的信息化时代。可你是否知道，它们是靠什么实现其神奇功能的呢？事实上，几乎所有的电子产品都是以半导体材料为载体，它们都极大地利用了"小小"电子的特性。我们都知道，物质是由原子组成，原子是由原子核和电子组成，电子带负电荷，电子的运动可以形成电流，电流的通和断可以代表两种逻辑状态"是"与"非"，正好对应二进制单位中的0和1。晶体管就是利用了电子的这种特性，而计算机的"大脑"——CPU（中央处理单元），则是集成了几百万甚至数以亿计的晶体管来进行数据处理的。其实电子的"年龄"并不大，1897年，伟大的英国物理学家汤姆逊在实验中发现了电子，仅仅100多年时间，我们的世界就因为它的发现而有了神话般的变化。

　　电子不仅具有上述的电荷属性，它还具有另外一个非常重要的属性——自旋，对于这一属性，大家可能稍微陌生些。电子的自旋属性于 20 世纪 20 年代中期提出，英国伟大的理论物理学家狄拉克于 1928 年提出了用相对论性的波动方程来描述电子，解释了电子的自旋。比起电子的电荷属性，电子自旋的"年龄"小了很多。在信息技术领域，各种集成电路和高频率器件在进行信息处理和信息传输时仅仅利用了电子的电荷属性；信息技术中不可缺少的另一方面——信息存储，则是由电子的自旋属性来完成的。电子的自旋具有向上和向下两种状态，而且，电子自旋会产生磁矩，它会使某些物质产生宏观上的磁性，存储技术大多是以磁性材料为载体、改变电子的自旋状态来存储信息的。

　　人们对于电子电荷与自旋属性的研究和应用是平行发展的，例如计算机中的 CPU 主要用来处理数据，硬盘仅用来存储数据，它们之间的数据交换还要经过第三方的传输，如缓存、内存、数据线等。如果某种材料同时利用电子的电荷和自旋属性，无疑将会在信息技术领域中产生很大的影响，那么，能不能将二者结合起来呢？答案是肯定的。稀磁半导体材料就可以做到这一点，而且由此产生了一门新兴的学科——自旋电子学。稀磁半导体材料同时利用电子的电荷和自旋属性进行信息处理和存储，可使计算机的结构更加简化，功能更强大。想象一下未来计算机的造型：计算机的 CPU 不仅可以处理数据，还可以大量存储数据。此外，稀磁半导体材料还具有优异的磁光、磁电性能，在光隔离器、磁感应器、高密度非易失性存储器、半导体集成电路、半导体激光器和自旋量子计算机等领域有广阔的应用前景。

那么，怎么来实现半导体材料的稀磁性呢？传统的半导体材料如硅、锗、砷化镓、氮化镓、氧化锌都不具有磁性，而具有磁性的物质锰、铁、一氧化碳、镍及其化合物又不能很好地与半导体材料相容。但技术挑战是难不倒科学家们的，在化合物半导体（如砷化镓、氮化镓、氧化锌等）中部分地引入磁性过渡金属元素（锰、铁、一氧化碳、镍等）取代非磁性阳离子（镓离子、锌离子等），就能制备出稀磁半导体材料了。

与传统的半导体器件相比，以稀磁半导体材料为支撑的自旋电子器件又有哪些优点呢？第一，耗能低：改变单个电子的自旋状态所需的能量，仅仅是推动电子运动所需能量的千分之一。第二，速度快：半导体材料是基于大量的电子运动的，它们的速度会受到能量分散的限制，而自旋电子器件是基于自旋方向的改变以及自旋之间的耦合的，它可实现每秒变化 10 亿次的逻辑状态功能，所以自旋电子器件消耗更低的能量，可以实现更快的速度。第三，体积小：半导体集成电路的特征尺寸是几十纳米，例如，著名的 CPU 生产厂商 Intel 公司已经能将单个芯片集成度提高到 10 亿，此时单个晶体管的尺寸仅为 50 个纳米左右，但随着芯片集成度的提高、晶体管尺寸的缩小，会引发如电流泄漏、发热等一系列的问题。

而自旋电子器件的特征尺寸为几纳米，由于耗能低，它的发热量微乎其微，这就意味着自旋电子器件的集成度更高、体积更小。最后，自旋电子器件还具有非易失性：当电源（磁场）关闭后，自旋状态不会变化，它的这种特性可以用在高密度非易失性存储领域。可以设想一下这样的场景：计算机即使在电源故障时也不会丢失数据，只需要按一下电源开关，就可以立即从上次关机的状态开始。

因此，很多科学家预言：自旋电子器件是 21 世纪最有前途的电子产品之一。随着科学家们对稀磁半导体材料不断地开发和应用，一定会诞生出更多更好的电子产品，我们的生活也将因此变得更加丰富多彩。

（刘学超）

金属也能呼吸吗

～～～～～～～～～～～～～～～～～～～～～～～

人能呼吸，动物能呼吸，金属也能呼吸吗？1974年底，日本松下电器产业公司中央研究所发生了一件怪事，在实验室内，一个用来做试验的高压氢气瓶里的氢气，还没有使用就不知跑到什么地方去了。试验人员发现，这个前一天晚上还有10个帕的氢气瓶，第二天早上只剩下不到1个帕了。仔细检查气瓶，瓶子并没有任何漏气现象，检查压力指示仪表，也没有问题；问了每个研究人员，谁也没有在晚上用过气瓶中的氢气。这真是怪事：瓶子里的氢气跑到哪儿去了呢？

根据"物质不灭"定律，氢气只能是被这个氢气瓶自己"吃"了，吸到气瓶的壁里面去了。原来，这个氢气瓶是用一种钛锰合金制成的，而生产氢气瓶的厂家并不知道钛锰合金是一种吸收氢气能力很强的材料。后来，研究人员还发现，这种吸过氢气的钛锰合金再加热到一定温度时，又能把氢气释放出来。人们把这种能"吸进"和"呼出"氢气的合金叫做吸氢合金（或者叫储氢合金）。

这些金属为什么能呼吸呢？原来，氢气与某些金属能进行这样的反应：$2M+xH_2 \xrightarrow[\text{吸热}]{\text{放热}} 2MHx + Q$，其中的M代表某种金属，Q为反应过程中放出或吸收的热量，所以，在一定温度和压强下，氢气与金属反应生成金属氢化物而"吸进"氢。由于氢是以原子形式储存在合金中，氢原子密度比同样条件下的氢气的密度大 1 000 倍，相当于储存 1 000 个帕的高压氢气。在使用时，只要稍微改变一下压强和温度，可使反应逆向进行，金属就把氢气又"呼出"了。

我们知道氢气是一种最理想的能源。它的来源广泛，而且燃烧的产物是水，不会污染空气，还能重新加以利用。但想用氢作为燃料，面临着储藏和运输的很大困难，需要用笨重的高压储气瓶，或者在 -253 ℃的超低温下使氢气变成液体，这两个条件都是很难满足的：用气瓶运输氢气常有爆炸的危险，把氢气在低温下压缩成液体，本身要消耗大量能源，而且还需要极好的绝热材料来维持低温，所用绝热材料的体积往往比储氢设备的体积还要大。比如，有的火箭上储存液氢和液氧的储箱，占了火箭一半以上的空间。

由于储氢合金是固体，所以运输时不需要大而笨重的钢瓶，保存时也不需要极低的温度条件。当需要储存氢的时候，让合金和氢反应，氢就被"吸"进去；需要用氢的时候，则加热合金或者减小合金内的压力，氢气又被"呼"出来，就如同蓄电池的充、放电，十分简单、方便。因此储氢合金不愧是一种理想的储氢方法。

储氢合金大多是由多种金属元素组成。目前世界上已研究成功的储氢合金大致可以分为四类：第一类是稀土系的镧镍合金等，每千克镧镍合金可储氢153升。第二类是铁钛系，这是目前使用最多的储氢材料，它吸氢量大，是镧镍合金的4倍，而且价格低、活性大，可在常温常压下释放氢，给使用带来很大的方便，是很有前景的一类储氢合金。第三类是镁系，镁是吸氢量最大的金属元素，不过它需要温度达到287 ℃才能"呼出"氢，且吸氢十分缓慢，因而在使用上受到限制。第四类是钒、铌、锆等多元素系，这些金属本身属稀贵金属，因此只适用于某些特殊场合。

储氢合金可以用于汽车。德国试验的燃氢汽车，采用200千克的铁钛合金储氢，可行驶130千米。1980年，我国也研制出一辆燃氢汽车，储氢燃料箱重90千克，乘坐12人，以每小时50千米的速度行驶了大约40千米。今后，不但汽车会采用氢气做燃料，飞机、舰艇、宇宙飞船等运载工具也将会使用氢气做燃料。

储氢合金还可以用于提纯氢气，利用它可以获得纯度高于99.999 9%的超纯氢，而且成本相对更低。超纯氢在电子工业的半导体、电真空材料、硅晶片、光导纤维等生产领域有着重要用途，这些产品在生产时通常需要用氢气作为保护气，如果纯度不高，生产出的产品质量也不会很好，所以这些行业对于超纯氢有很大的需求量。

不仅如此，储氢合金还有将储氢过程中的化学能转换成机械能或者热能的本领。我们由前面的介绍可以知道，储氢合金在吸氢时放热，在放氢时吸热。利用这种放热—吸热的循环，可进行热的储存和传输，从而制造出制冷或者采暖的设备。

另外，储氢合金还可以用在电池中。我们目前使用的镍镉电池（Ni-Cd）中的镉是一种有毒的金属，而且很难进行回收处理，所以镍镉电池对环境污染很大。而采用储氢合金制造的镍氢电池（Ni-MH），容量大、安全无毒，并且使用寿命也比镍镉电池长很多，这是储氢合金的又一个未来发展方向。

储氢合金的使用前景是十分诱人的，在一些领域也有了一定的应用，但是，如果要大规模地使用，目前还暂时不具备条件。国际能源机构确定的新型吸氢材料的基本标准为储氢量应大于重量百分比 5%，并且能在温和条件下吸放氢。根据这一标准，目前的储氢合金大多尚不能满足。不过，如果储氢合金的研究能够取得突破性的发展，必将对人类的生产、生活带来深刻的影响。

（王　婧）

华夏天竺术有别——中国与印度古代的炼锌技术

中国和印度是世界上最早冶炼锌的两个国家。印度拉贾斯坦邦扎瓦尔铅锌矿区近年发现公元 12～19 世纪的大规模炼锌遗址，出土有目前世界最早的锌冶金遗物。中国还没有发现早期炼锌遗址。有学者认为北宋铸钱使用的"黑锡"就是锌，但未成定论。因此有印度学者提出中国炼锌技术是从印度传入的。

从明朝末年宋应星的《天工开物》的记载和近现代传统炼锌业的实践看，中国和印度的古代炼锌技术在矿石、反应罐、燃料及反应机制等方面有明显的不同。

明代称锌为"倭铅"。《天工开物》卷十四记载，中国当时使用的是氧化锌矿（炉甘石），"每炉甘石十斤，装载入一泥罐内，封裹泥固，以渐砑干，勿使见火拆裂。

然后逐层用煤炭饼垫盛，其底铺锌，发火煅红，罐内炉甘石熔化成团。冷定毁罐取出，每十耗其二，即倭铅也"。宋应星书中未记反应罐内部结构，所幸近现代传统炼锌业的资料弥补了这一不足。中国传统炼锌炉呈长方形，大小不一，大的可装反应罐 120 个，小的也有36 个。反应罐如一倒置的炮弹壳，罐内下部盛装菱锌矿或炉甘石（皆为碳酸锌）和木炭或煤粉，口部设有碗状冷凝槽或冷凝筒。冶炼时，碳酸锌分解生成氧化锌和二氧化碳，后者与木炭形成一氧化碳，充当还原剂，把前者还原成金属锌。锌以蒸气形式上升到温度较低的罐口，在冷凝装置中冷凝成锭，故其冷凝方式是上凝式。这种冷凝方式是中国古代炼丹家发明的，在汉代至唐代水银生产中就已广泛使用。

印度炼锌使用的是硫化矿石，焙烧氧化后才进行冶炼。冶炼炉呈方形，炉缸约 1 米见方，中间的带孔隔板上竖置反应罐 36 个。反应罐呈倒置的瓶状，内盛氧化矿石、白云石、木炭粉组成的炉料，罐中插一中空陶管。冶炼时在隔板上燃烧木炭加热，反应罐中的白云石分

▲《天工开物》记载的"升炼倭铅"（炼锌）图

▼ 印度古代炼锌炉具结构示意图

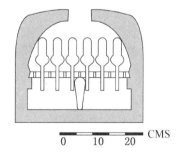

▲ 近代传统炼锌的反应罐及冷凝装置示意图

解生成的二氧化碳与木炭形成一氧化碳，充当还原剂，被还原出来的锌蒸气通过陶管在温度较低的隔板下冷凝成锭。故其冷凝方式属于下凝式。

鉴于上述明显差异，多数学者认为中国和印度古代炼锌技术是各自独立发展起来的。

明清时期，中国锌已出口到欧洲。1917年别发洋行出版的《中国百科全书》记载，当时广东发现过一些带有"万历十三年乙酉"（1585年）铭文的锌锭，纯度达98%，很可能是当时供出口的。1872年在瑞典哥德堡港附近打捞出一艘中国1745年驶往欧洲的沉船，船上就载有纯度为99%的锌锭。中国锌从16世纪末至19世纪，一直出口西方，对欧洲炼锌业的兴起和发展起到了推动作用。

（李延祥）

形状记忆高分子材料

~~~~~~

  环顾周围世界，我们正处在高分子材料的包围之中，人们的吃穿住行都离不开丰富多彩的高分子材料。在性能丰富、种类繁多的高分子材料中有这样一类性能特殊的材料：不管它改变成什么形状和尺寸，通过加热、光照、辐射、机械力作用、电刺激、酸碱变化、化学反应等外部条件或刺激手段的处理，又可以使其恢复到初始的形状和尺寸。具有这种现象的高分子材料，就是形状记忆高分子材料。与形状记忆金属相比，形状记忆高分子材料不仅具有形变量大、易成型加工、记忆回复温度范围宽且恢复温度便于调整、保温和绝缘性能好、重复变形和使用次数多、价格便宜等优点，还具有耐锈蚀、耐酸碱、易着色、可印刷、质轻、成本低、实用价值高等优点，是高分子材料研究、开发和应用的一个新分支。

20 世纪 50 年代初，查尔斯拜和杜尔几乎同时发现聚乙烯在高能射线作用下，能产生交联反应。随后，查尔斯拜又发现，在一定的温度范围内对这种交联产物进行加热时，对其施加外力可任意改变其外形。若在此时对其降温冷却，它的形状即被固定下来。一旦温度再次升高到原来的加热温度区域时，它又可以回复到原来的形状。查尔斯拜形象地称之为"形状记忆效应"。自 20 世纪 80 年代以来，形状记忆高分子材料的研究一度引起世界各国科研工作者的关注，并投入大量的人力、物力进行研究开发。

形状记忆高分子材料的种类很多，主要有聚氯乙烯、聚烯烃类、聚酯类等高分子材料。其中，热收缩管和膜、阻燃型记忆高分子材料是目前工业产量最大、应用领域最广泛的一类。

▼ 形状记忆高分子材料

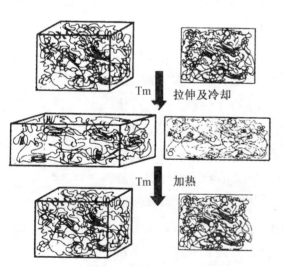

Tm 拉伸及冷却

Tm 加热

形状记忆高分子材料就其用途而言十分广泛，可用于航空航天和国防军工行业中的智能材料及部件、建筑和仪器设备的接口、铆钉、空隙密封、异径管连接；机械制造业的阀门、热伸缩套管、防振器、缓冲器等；电子通信行业中的电子屏蔽材料、电缆防水接头等；印刷

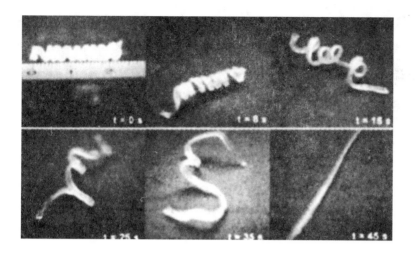

▲ 正式形状记忆效应

包装中的热收缩薄膜、夹层覆盖、商标等；医疗卫生行业中的绷带、血管封闭材料、止血钳、医用组织缝合器材等；纺织物的记忆防皱整理材料、火灾报警器感温装置及日常用品中的汤勺的把手和文体娱乐等产品中。某些用形状记忆高分子做成的便携式容器和玩具在登山、旅游时携带十分方便，需要时用热水加热使之恢复到原状，取出冷却固定后即可使用。高强度的形状记忆高分子还可做汽车的挡板和保险杠等，在汽车发生碰撞之后只需用热风加热即可使变形部位回复原状。

迄今为止，法国、日本、美国等国家已相继开发出多种形状记忆高分子材料。近年来，我国也有相当数量的科学家在从事这方面的研究开发工作，并已取得很好的成果。关于形状记忆高分子材料的研究仍在进行之中，随着人们对这一材料认识的进一步深入，其综合性能必

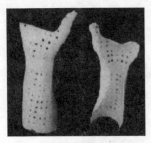

骨科外固定热塑夹板

假肢

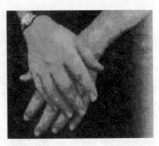

假手

▲ 形状记忆高分子
材料制备的生物医
学材料

将得到进一步的提高，其应用前景一定会更加广阔。我们期待着有一天形状记忆高分子材料能真正走入人们的家庭生活，为我们创造更加美好的明天。

（林开利）

不怕紫外线的纤维

夏天在海滨游泳，皮肤很快就会发红、发黑。如果皮肤长时间地暴露在紫外光下，就会受到伤害甚至会发生癌变。这些都是阳光中的紫外线造成的。

紫外线是波长范围为 50～400 纳米的电磁波。

其中波长小于 290 纳米的部分称为紫外线 C，这种强烈的紫外线能被臭氧层、大气层吸收，因而阳光中的这部分紫外线无法到达地面。波长为 290～320 纳米紫外线，称为紫外线 B，它虽然也会被臭氧层吸收，但仍有部分可到达地面。适量的紫外线 B 对合成人体必需的维生素 D 有促进作用，对人体是有好处的。但过多地被紫外线 B 照射，对人体也是有害的。夏季的阳光中含有很多紫外线 B，长时间照射后皮肤会变红，出现皮炎、红斑，也能在皮肤中形成黑色素，这些都发生在皮肤表层。

黑色素能吸收紫外线，成为紫外线的遮挡物，可保护肌肉免遭紫外线进一步的侵害。波长为320～400纳米的紫外线，称为A紫外线。这种紫外线的穿透能力很强，能深入皮肤内部，它会逐渐破坏弹性纤维组织，使肌肉失去弹性，皮肤松弛，出现皱纹。若照射量过多，还容易引起皮肤癌。

▲ 几种典型的纤维截面

在臭氧层日益受到破坏的情况下，紫外线对地面辐射也日渐增多，有效地控制紫外线对人体的辐射量，对人类的健康有十分重要的意义。

过量紫外线的辐射不仅对人体有害，对纺织品也能造成破坏。我们都有这种经验，衣服穿得时间长了，会发现衣服肩部的颜色比其他部位的颜色要浅，这部分的布的牢固度也下降了，很容易撕坏，这也是紫外线在作怪。紫外线使染料分子结构发生变化，失去发色性能，从而颜色逐渐变淡。同样地，服装纤维的高分子在紫外光的长期照射下，大分子之间会发生交联，随着交联度的增加，纤维就慢慢地变脆、失去强度而毁坏。

为了防护人体免受紫外线的侵害和提高纺织品的使用寿命，保持色彩的鲜艳，科技人员开发了不怕紫外线和可防止紫外线透过的纤维——抗紫外纤维。

抗紫外纤维是在可以制成纤维的高分子化合物里，添加一些可以遮挡紫外光的无机超细粉末，如氧化锌、二氧化钛等；也可添加可吸收和把紫外线转换为低能可见光和热量的有机化合物；

▲ 用抗紫外纤维制作的遮阳伞

也可将无机的和有机的抗紫外材料混合使用，然后再通过熔融纺丝或是湿法纺丝的技术，制成抗紫外纤维。

在人体的抗紫外防护方面，抗紫外纤维的织物可做成用于交通警察、边防战士、建筑工人、环卫工人等经常露天工作的人员的夏衣，这样的织物也可用来制遮阳伞、披肩、面纱等遮阳工具。

在装饰用纺织品方面，抗紫外织物可用作汽车内装饰材料、窗帘布、台布、沙发布等，从而提高织物的使用寿命和保持色彩的鲜艳。

（章悦庭）

蜘蛛丝里有学问

你听说过用一小束细丝就能把小型飞机吊起来的事吗？这种丝就是我们常见的蜘蛛丝。曾经有人做过试验，发现扯断蜘蛛丝所需的力，比扯断同样粗细的钢丝所需的力足足大上 100 倍。通过对蜘蛛丝的研究，还发现蜘蛛丝在目前已知的所有高强度纤维里，是最柔软的，质量也最轻。蜘蛛丝是由蛋白质分子构成的，因此，它和人体有生物的亲和性，可被微生物所分解，也有一定的吸湿性能，用它做的防弹衣将是世界上最坚固而又最轻柔、最舒适的防弹衣了。

蜘蛛丝具有广泛的用途。在医学领域，这种精细的蜘蛛丝是外科医生手术时理想的缝合线，不论是眼科、心血管疾病或神经病学手术都需要它。和医用尼龙线相比，这种蜘蛛丝既有尼龙线的灵活和结实，而且还有可以打结的优点。此外，它还可以用来制作人造肌腱或合成韧带。由于蜘蛛丝的强度大，人们还可利用它制作防弹衣、降落伞绳，或航空母舰上帮助战斗机在甲板上降落的缆绳、高强度的轮胎帘子线和高强度渔网等。在用蜘蛛丝制作防弹衣方面，有人曾预言，警察会在不久的将来穿上这种柔软的防弹衣。

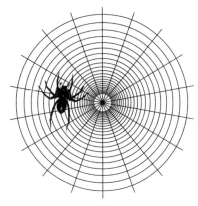

▲ 蜘蛛丝里有学问

既然蜘蛛丝有这么好的性能，有人会说我们也可以像养蚕宝宝那样来养殖蜘蛛，不就能得到好多蜘蛛丝了吗？事实上，这是不可能的，因为蜘蛛是一种同类相食的动物，如将众多的蜘蛛饲养在一个房舍里，它们会相互残杀吞噬。

能不通过蜘蛛来得到蜘蛛丝吗？科学家们告诉我们，完全有这样的可能。

这有两个方面的工作，第一要得到蜘蛛丝的蛋白质，第二把这蛋白质纺成丝，这样就可得到人造蜘蛛丝了。

蜘蛛丝的蛋白质的主要化学成分是丙氨酸，还有谷氨酸、丝氨酸、白氨酸、脯氨酸和酪氨酸等。科学家还发现，富含丙氨酸的蜘蛛丝还可以分成两种，一种氨基酸的排列非常有方向性，而另一种则显得杂乱无章。氨基酸排列非常有方向性的蛋白质就是制蜘蛛丝的原料。

世界上许多国家的科学家采用不同的方法在研究蜘蛛丝蛋白的合成，总的来说，采用的都是生物工程转基因技术。

有的科学家设法分离并且克隆出了一些蜘蛛丝蛋白基因，这些基因就是负责编码制造不同类型的蜘蛛丝所必需的关键蛋白。他们现在能够确定并复制出这些基因，并把这些基因插入一种细菌里，让细菌来为人类制造这种蛋白。也有的科学家利用遗传工程方法培育出一种转基因山羊，让这种山羊分泌的奶里含有这种蜘蛛丝蛋白。我国科学家运用转基因方法，并解决了蜘蛛丝蛋白转基因向蚕基因导入、活体基因鉴定、传代育种等一系列关键技术，从而在家蚕丝蛋白分子链中产生了部分蜘蛛丝蛋白。

有了蜘蛛丝蛋白，还得搞清楚蜘蛛吐丝的机制。研究人员仔细观察了蜘蛛吐丝的全过程，认为蜘蛛的造丝方法与制造工业纤维（例如维尼纶）所用的工艺十分相似。液态蜘蛛丝蛋白质从蜘蛛嘴里吐出来以前要通过一根管子，管子里有种特殊细胞将蛋白质中的水抽了出来。失去水分并变成丝状的蛋白在这管子的另一头与酸接触时，蛋白分子之间相互叠合，连接成链状，从而使丝强度大增。按照这个原理，科学家们也正在进行纺丝技术的探索。不久的将来，我们就能亲眼见到这种神奇的蜘蛛丝了。

（章悦庭）

"工业味精"——有机硅

現代和未来的社会需要生产出具有节省能源、节省资源、无公害、安全可靠、多功能、多形态、高性能和复合化的新材料，20世纪40年代才投入市场的有机硅，是一类可以满足上述要求的新型高分子合成材料。它以能解决多种技术难题、提高生产技术水平而著称，它的上千种用途，几乎让每一个科技和工业部门都留下深刻的印象，使用效果之显著更是令人叹服。因此，它被形象地誉为现代科学文明的"工业味精"。

随着高新技术的发展，全世界有机硅生产规模不断扩大，研究势头方兴未艾，每年都有很多专利发明和新产品投产，新的应用领域、新的应用技术及新的产品不断产生，新的市场不断形成，新开发的应用领域都是刚刚出现不久的新兴工业和高新技术。例如：用光固化有

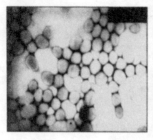
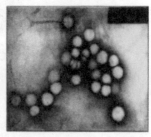
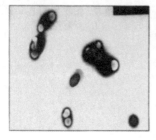
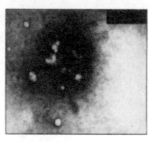

▲ 显微镜下的有机硅

机硅涂覆光导纤维外层，才使光导纤维进入实用阶段；宇宙工业采用耐高温性能和化学惰性十分优异的碳化硅纤维，增加了金属和陶瓷的强度；有机硅改性高分子膜制成富氧膜、渗透膜和人工鳃，用于深水作业和高纯度气体的分离和富集，是医用工程、海洋工程和生命科学工程以及锅炉燃烧、节能的安全手段；生物有机硅和烷基化有机硅试剂的兴起，引起了有机合成、制药工业、生物化学的巨大变革等等。在今天，科技领域和各工业部门的不少新技术的应用，无不借助有机硅解决一些其他材料难以解决的难题。例如：地下铁道使用的变压器若不使用高性能硅油，就容易发生爆炸；高层建筑幕墙玻璃、飞机跑道、室内电线电缆穿洞口若不采用有机硅密封胶，则不可靠，万一着火，火便会穿过洞口蔓延燃烧；纺织品和羊毛衫若不采用有机硅整理剂进行高级整理，则很难进入国际市场；石油井开采若不注入有机硅使油水分离，则不能提高产量；化妆品与日用化工产品不加入有机硅，则不能提高性能和品级；医疗和医药不用有机硅，一些先进手术就无法进行，药效无法提高；太阳能装置中高温集热器用的载体、密封材料、软管、垫片，选择性吸收膜的胶粘剂，原子能发电中的热放射橡胶油润滑脂、清漆等，都非用有机硅不可。一台电视机至少需用十几个品种的有机硅，一辆小汽车至少有三十多个部位需用到有机硅。人体从头到脚，以及人们的衣食住行，无不是有机硅可以大显身手之处。有机硅的应用已深入到当代国防科技、各工业部门乃至人们日常生活各领域中，是合成材料最能适应时代要求和发展最快的新型品种之一。因此，人们愈来愈认识到我们人类离不开有机硅材料。国内外均对其发展给予高度重视，例如，日本把有机硅材料开发列为把握 21 世纪高新产业和关键技术与材料、关系国家大事的"下一代规划"，认为它将支撑 21 世纪的材料革命。世界很多国家也都在加强有机硅的科技开发工作。

在此，人们不禁要问，有机硅为什么会有这样神奇的性能和功效呢？这是由于有机硅组成中，既有像无机石英玻璃结构的硅氧烷（Si-O-Si），又有有机基团，是一种典型的半无机高分子，正是这种半有机半无机的特种高分子材料，具有其他材料所不能同时具备的安全性、阻燃性、介电性、耐高低温性和生理惰性等一系列优异性能。另外，有机硅可以根据不同应用场合的需要，通过变换硅氧烷分子结构来改变结合在硅原子的有机基团，选择不同固化方法，采用有机树脂改性，选择各种不同填料和各种不同二次加工技术，采用各种聚合技术等设计出不同分子结构，以满足各行各业不同场合下使用要求的各种形态。各具特色的硅油、硅橡胶、硅树脂、硅偶联剂及其二次、三次加工产品有近 10 000 个品种，组成有机硅系大家族。同时，由于这个家族具有独特和充满活力的"基因"，因而呈现出十分旺盛的生命力，可以说是"青春常驻"，生命周期很长，为此，它深受人们的青睐。

当前，人们正在进一步研究扩大有机硅在能源、光电子、新材料、生命科学中的应用，并且发现和开拓了很多崭新的应用领域。有机硅已进入开发的新阶段，可以预料，有机硅不仅能满足当代人的需要，更能跟上未来时代的发展步伐。

（章基凯）

塑料水晶——有机玻璃

~~~~~~

　　在装潢新房的时候，人们会被琳琅满目的厨房橱柜所吸引，其中有一种俗称"水晶板"的面板材料，在众多材料中尤其显眼，它具有美丽的外观，表面闪耀着水晶般的光泽。人们在海洋世界游玩的时候，可以看到鱼儿在隔着高强度的透明厚"玻璃"的水中游荡，水草在其中悠悠飘浮。在休闲时间，人们享受着CD、VCD、DVD等产品给我们带来的快乐，各种"光盘"既可播放图像与声音，也可保存档案与数据。

　　无论是"水晶板"，还是"玻璃"或者"光盘"，其实都是有机玻璃，专业俗称亚克力，化学名称为聚甲基丙烯酸甲酯，简称PMMA，是以甲基丙烯酸甲酯单体MMA为主要原料聚合而成的热塑性塑料。

　　有机玻璃是塑料中透明性最好的品种，透光率达

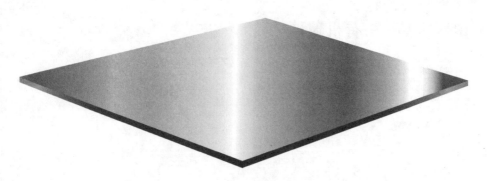

▲ 有机玻璃

92% 以上，具有水晶一般的透明度，而质量只有 1.18
克 / 立方厘米，仅为硅玻璃的 1/2。有机玻璃抗碎裂性能
为硅玻璃的 12～18 倍，机械强度和韧性大于硅玻璃 10
倍以上，不像玻璃那么易碎，即使受到破坏，也不会像
玻璃那样形成锋利的碎片。有机玻璃具有非常突出的耐
气候性和耐老化性，在低温（-50 ℃以上）和较高温度
（100 ℃以下）中冲击强度不变，即便在室外放置 10 年，
其物理机械性能也无显著下降。有机玻璃具有光导性，
在一定程度上可以替代石英玻璃制成传递信息的光导纤
维。有机玻璃具有良好的电绝缘性能，而且化学性能稳
定，能耐一般的化学腐蚀，不过，它的吸水率及热膨胀
系数较大。有机玻璃硬度相当于金属铝，耐磨性能不如
钢铁、硅玻璃等无机产品，但若采用特殊涂层处理，亦
可提高其耐磨性，以接近于硅玻璃。

　　有机玻璃具有良好的热塑加工性能，既可以采用浇
铸成型，也可以采用机械挤出成型，或采用真空吸塑成
型。有机玻璃具有良好的机械加工性能，可以用锯、钻、
铣、车、刨进行加工，还可以采用激光进行切割和雕刻，

制作效果奇特的有机玻璃工艺品。有机玻璃具有良好的适应性和喷涂性，采用适当的印刷和喷涂工艺，可以赋予有机玻璃制品理想的表面装饰效果。有机玻璃可以在浇铸成型过程中用染料着色，具有很好的展色效果。有机玻璃易于溶剂黏合，为成品加工提供了方便性与可操作性。有机玻璃之间用甲基丙烯酸甲酯单体和固化剂进行拼接，可以用来制造出超常规的特厚、特大的板材。

有机玻璃因其特殊的性质，被广泛用于各行各业。除常见的应用于玻璃橱窗、隔音门窗、高速道路隔音墙、密封操作箱、手术医疗器材等以外，还可以应用于飞机舱盖、太阳能采集器、潜望镜、光学透镜等重要技术领域。

有机玻璃制品在日常维护中应注意以下问题：因为有机玻璃表面硬度相当于铝，故使用时应注意保护表面，若遇有损伤情形，以研磨剂磨光，即可恢复原有优美的表面。有机玻璃表面以干布摩擦即有静电现象，故当表面带有尘埃时，用 1% 的浓肥皂水用软布轻洗净即可。有机玻璃受热或加热至 100 ℃以上即会软化，使用温度一般应低于 65 ℃。有机玻璃的热膨胀系数较大，其伸缩度约为金属类的几倍，固定有机玻璃材料时，对温度变化应加以考虑，预留好伸缩的空间。

另外，在购买有机玻璃制品时，应注意识别是否是其代用品。市场上有一种 PS 板，俗称"有机板"，化学名称聚苯乙烯，其透光率低于有机玻璃，脆性较大，抗冲击性、耐气候性及耐老化性比有机玻璃差，硬度与有机玻璃相似，吸水率及热膨胀系数小于有机玻璃，价格远低于有机玻璃。有些廉价眼镜使用 PS 塑料替代有机玻璃制作镜片，而 PS 塑料透光率低于有机玻璃，用作光学片对消费者的眼睛不利。

近几年，随着国内经济的稳步发展，我国有机玻璃产业发展较快，市政建设中所用材料有相当一部分为特大、特厚、异形有机玻璃。现在，有机玻璃已广泛应用于体育馆、宾馆、酒店、机场候机楼、候车亭等。我国有机玻璃产品结构不合理，大部分为普通品种，缺乏高抗冲击产品、耐高温产品、防射线产品，用一句话来说，缺少高附加值的高档品种和特种品种。

总体上，有机玻璃作为塑料中的水晶，必将在人们生活中发挥越来越大的作用。我国有机玻璃生产应向规模化、专业化、高档化发展，以满足国内消费日益增长的需求。

（胡泳波　杜端钟）

水中溶解的纤维

~~~~~~

　　我们知道衣服是由各种各样的纤维制成的，衣服穿脏了就要在水里洗，从未听说谁的衣服被水洗没了的。可现在有一种纤维，在水中会被水溶解掉，用这种纤维做的衣服可不能随便浸到水里面去，否则这衣服就会变没了。这种纤维就是水溶性纤维。

　　水溶性纤维是用一种叫聚乙烯醇的高分子化合物制造的。聚乙烯醇是一种亲水的高分子化合物，能溶解在水里形成透明的溶液。我们能在文具店里买到的、装在小塑料瓶子里的透明胶水，就是聚乙烯醇的水溶液。

　　聚乙烯醇最早是由日本的樱田一郎和朝鲜的李昇基共同开发成服装用纤维，由聚乙烯醇制得的服装用纤维叫维尼纶。在困难时期，我国引进该生产技术，解决了当时穿衣难的问题。维尼纶是由聚乙烯醇溶液经纺丝后再和甲醛反应缩醛化而成的。这种纤维有棉花一样的吸湿性和很高的强度，当时很受人们的欢迎。但这种纤维很容易弄皱，因此在涤纶兴起后，已逐渐退出服用范围。目前主要用在工业方面，它的优点是耐酸碱、强度高、亲水性、燃烧时不会发生熔滴现象。由于其分子上有大量羟基，也常利用它作特种的功能纤维。

现在采用特殊的凝胶溶剂纺丝工艺，用不同醇解度的聚乙烯醇可直接纺出在1℃～100℃的不同温度的水中可溶解的聚乙烯醇（PVA）纤维，这是目前世界上唯一的溶于水的合成纤维。这种水可溶解的纤维在纺织工业上，可大有用途。

水溶纤维可在织物轻薄化、蓬松化上起很大的作用。在纺纱时和棉、毛等纤维混纺，制成织物以后再用水洗去水溶纤维，织物的纱线就会变得比原来的要细。这样，就可用比较差的、以前只能纺粗纱的纤维来纺高档的细纱。用这种和水溶性纤维一起纺纱的技术制造的毛巾相当的蓬松和柔软。

这种水溶纤维还具有通过热压手段使纤维黏合的本领，已经广泛用于化学黏合法非织造布的生产。

这种水溶纤维的绣花底布作为服装行业绣花的骨架材料，可单独绣花，也可与其他服装面料衬在一起使用。加工完后只要在热水中处理掉非织造布，即保留下绣制的花形。

用可在70℃～80℃的水中溶化的聚乙烯醇纤维制成水刺法非织造布，这些非织造布用于制作医院的手术

服、床单、口罩、病
员服、医用纱布、婴
儿尿布、妇女用护垫、
一次性洁净布等一次
性用品，用后在特殊
的容器里用热水溶解
后排放到污水处理池
进行污水处理，最后，
聚乙烯醇被微生物降

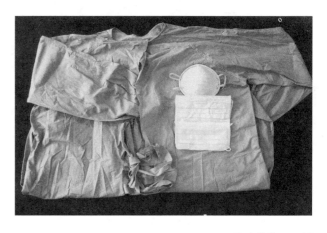

解的同时，有害的病菌也在这过程中被杀死，完全没有
环境污染。

　　如对上述用水刺法制造的水溶性 PVA 纤维非织造布
进行特殊的热处理，就能使非织造布的孔隙减少，致密
度增加，从而提高产品的屏蔽性能。将其用于血液感染
的防护织物，能防止血液的渗透和血载病菌的通过，预
防一些具有较强传染力的血液传染病的传播和蔓延。同
时，水溶性 PVA 纤维的吸湿性能较好，用其制成的医用
屏蔽材料穿着舒适感也较好，能使产品的屏蔽性能与舒
适性能得到较好的统一。

　　随着应用技术的发展，水溶性 PVA 纤维在其他领域
也大有用武之地。

（章悦庭）

奇妙的弹性纤维

　　或许你喜欢穿着纯棉和真丝服装，因为它们比合成纤维的服装具有更好的舒适性，但是这些天然纤维织物有容易弄皱的缺点。为了克服这一缺点，面料设计人员在设计制造面料的时候，往里面加入了一种像橡皮筋一样有弹性的纤维，从而提高了折皱回复能力，它能使产生的折皱很快地消除掉。这种像橡皮筋一样的纤维的学名叫聚氨酯纤维，又叫氨纶，它的化学成分是嵌段的聚氨基甲酸酯。

　　聚氨酯纤维为什么能像橡皮筋一样有弹性呢？

　　因为聚氨酯纤维里的大分子链是由一种柔性的链段和一种刚性链段组成的嵌段的大分子链，正是这样的分子结构，赋予纤维伸长和回复的能力。

　　我们可以把柔性的链段设想为小小的弹簧，如果有

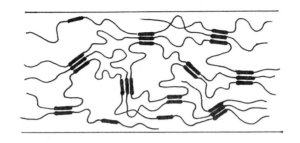

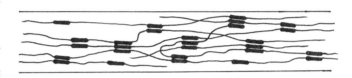

两个小弹簧前后连在一起，我们用两只手各捏住一个小弹簧的外端，向两边拉伸，两个弹簧就分开了。如果开始时，把两个弹簧连在一起的那端，用线固定住，这时再捏住每个小弹簧的外端向两边拉，小弹簧就会被拉长。这个时候，把

图中粗线表示刚性链段，细线表示柔性链段。刚性链段由于分子间的作用力，在常温下相互聚集在一起形成交联点，把柔性链段都连接在交联点上。上图是纤维未被拉伸时，柔性链段是卷曲的。下图为纤维被拉伸后，柔性链段都伸直了，当外力去除后柔性链段自动回复成卷曲的原状。

▲ 氨纶纤维的分子结构模型图

手松开，被拉长的小弹簧就会回复到原来的状态。刚性链段就像是把两个柔性链段的弹簧连接固定在一起的线。聚氨酯大分子的刚性链段是由苯环和氨基甲酸酯基团组成；柔性链段是含有许多氧原子的有一定分子量的聚醚组成。

聚氨酯纤维就是由许多这样的大分子结合在一起组成的。在自然松弛状态下，柔性链段是紊乱无序的、卷曲的，在拉力下，各柔性链段伸直，纤维变长。外力消除后，被拉直的柔性链段又会回复到自然缠曲状态，纤维也缩短到原来长度。一般情况下，它可被自由拉长4～7倍，在外力释放后，即迅速回复到原来的长度。

表面上看，聚氨酯纤维是一根连续的单丝，而实际

上它是多根单丝合并在一起的一束细的长丝。在使用前，一般还要在这长丝外面包上棉纱形成包芯纱，这样才可和其他纱线一起织造各种面料。

聚氨酯纤维在纺织上用途很广。

好多衣服的有弹性的袖口和下摆里都有聚氨酯纤维；把聚氨酯纤维和其他的人造或天然纤维交织使用，它不改变织物的外观，但能极大改善织物的手感、悬垂性及折痕回复能力，能给所有类型的成衣增添额外的舒适感与合身度，包括针织内衣、健美服、定制外套、西服、裙装、裤装等，使各种服装显现出新的活力。把它放在游泳衣里，可使游泳衣很好地紧贴在身上，减小游泳时水的阻力。

目前市场上的聚氨酯纤维基本生产方法是这样的：先把聚氨酯溶解在一种溶剂里，形成一种均匀的溶液，或者直接合成得到聚氨酯溶液，通过小孔把溶液挤入热空气环境中，使溶剂挥发，或放入一种能使聚氨酯溶液中的溶剂脱出来的液体中，聚氨酯凝固出来形成纤维。现在还有用直接把热塑性的聚氨酯在高温下熔化、再挤出抽丝的方法，来制造聚氨酯弹性纤维。

目前市场上所说的莱卡（LYCRA）就是杜邦公司独家发明生产的一种聚氨酯弹性纤维的商标名称。我们国家浙江、江苏、山东等地也有许多工厂生产聚氨酯弹性纤维，年产量已超过 10 万吨。

（章悦庭）

可以发出荧光的纤维

为了防止钱币的伪造，人们采取了许多方法。除了使用特殊纸质的纸张外，还使用了水印、凹凸手感、荧光油墨、金属线等方法。把某些纸币放在紫外光下，我们除了可看到用荧光油墨印的数字、图案发出光亮外，还可见到在纸张中有一些不规则的发出蓝色、草绿色光的短线。这些在紫外光下能发出多种颜色的线条就是荧光纤维。

荧光纤维是在可以纺成丝的高分子化合物里加入了在紫外光下能发出荧光的稀土元素的无机化合物（稀土元素为钪、钇及镧系原子序数为 57～71 的元素），或是加入可以发出荧光的有机染料。然后通过纺丝的技术把这些高分子混合物变成细长的纤维。

有的高分子化合物在高温下可熔融成黏稠的液体。

▲ 在室内非阳光直射的自然光下拍摄的荧光纤维线团

▼ 在紫外光照射下拍摄的荧光纤维线团

这些高分子化合物为：聚对苯二甲酸乙二醇酯（制成的纤维就是我们通常说的聚酯纤维、涤纶或的确良纤维）、聚己内酰胺（就是我们说的尼龙）、聚丙烯等。我们将稀土元素的无机化合物和这些高分子化合物混合，加温融化后，把它们从很小的孔中挤出，经过冷却、拉细等过程，就可得到荧光纤维。使用不同稀土元素的无机化合物，在 365 纳米紫外光下，可发出不同颜色的光来。

对于这些要通过高温熔融加工的高分子化合物，其中加入的荧光材料只能是稀土元素的无机化合物，而不能用有机荧光染料。因为大多数有机的荧光染料，在高温下会发生分解反应，失去发出荧光的性能。

有的高分子化合物在温度还没升到其熔融的温度时，就会分解，这些高分子化合物不能用熔融的方法制得纤维，但它们可溶解在某些溶剂里。如聚丙烯腈（纺成的丝就是人造羊毛或叫腈纶）、纤维素、聚乙烯醇（制维尼纶的原料）等。用这些高分子化合物为原料的话，可把它们溶解在一定的溶剂里，再在这些溶液里加入超细的、能在紫外光下发出荧光的稀土化合物，或是有机染料。然后在特殊的容器里，通过细小的孔洞把这些溶液挤入凝固剂的容器中，使高分子化合物凝固起来，再经过拉伸，就得到了可发荧光的纤维。

把通过上述方法得到的纤维，切成一定长度的短纤维，就可混入造纸的纸浆中造纸了。这种纸在普通的光线下看上去和普通纸张没什么两样，可放到紫外光下，就可看到纸中有许多会发出不同色彩亮光的细线来。这种纸张除了用作纸币的防伪外，还可以用于制造一些防伪要求较高的票据、商标或特殊文件的书写纸。

荧光纤维也可用于名牌服装商标的防伪。该商标上的文字或图案可用荧光纤维来绣制，在紫外光下，上面的文字或图案就会发出鲜艳的光亮来。

在防止高档面料的假冒伪劣方面，荧光纤维也大有可为。在面料的织造过程中，可在面料的布边中嵌入一根荧光纤维，这样可根据在紫外光下布边能否发光，来判别真假。

随着科技的进步，科技工作者又开发出了能在700～1 600纳米红外光下发出荧光的稀土化合物。用同样的方法，也可制造出能在红外光下发出荧光的新纤维来。科技总是在不断前进的，说不定什么时候，我们人类又制造出其他更新奇的荧光纤维。

（章悦庭）

未来我们穿什么——新型服装面料

～～～～～～～～～～～～～～～～～～～～

　　千百年来，人类赋予服装的使命不外乎遮身御寒、美观时尚。未来，我们穿什么？当更多的高新科技融入服装面料后，各种具有新奇功能的服装也从幻想走入我们的现实生活中。未来我们将穿上——

　　"冬暖夏凉"调温服装：我国企业与国外合作，利用"太空宇航技术"，成功开发了相变调温纤维，并在国内首次生产出"冬暖夏凉"的调温服装。相变调温纤维是在纤维表面用高科技手段涂上一层含有相变材料的微胶囊，在正常体温状态下，该材料固态与液态共存。用这种纤维制成服装后，当从正常温度环境进入温度较高的环境时，相变材料由固态变成液态，吸收热量；当从正常温度环境进入温度较低的环境时，相变材料又从液态变成固态，放出热量，从而减缓人体体表温度的变化，保持舒适感。

"形状记忆"服装：意大利人毛罗·塔利亚尼设计出一款具有"形状记忆功能"特性的衬衫。当外界气温偏高时，衬衫的袖子会在几秒钟之内自动从手腕卷到肘部；当温度降低时，袖子能自动复原；同时，如果人体出汗时，衣服也能改变形态。这种具有"形状记忆功能"的衣服的奥秘，就在于衬衫面料中加入了镍钛记忆合金材料。应用形状记忆面料剪裁的衣服还具有超强的抗皱能力，不论如何揉压，都能在 30 秒内恢复原状，这样，人们就再也不用为皱巴巴的衣服烦恼了。

"智能防护"服装：英国科学家研制出一种特殊衣料，受到撞击时会迅速变硬，借此减缓撞击力，随后立刻变软，不限制穿着人员的灵活性。这种服装面料平时轻而柔韧，但受到撞击时会在 1/1 000 秒内变硬，而且撞击力越强，反应越快。这是因为这种材料由在高速运动时会彼此勾连的柔韧分子链构成，其原理有点像汽车在潮湿的沙地上行驶的情况：慢速行驶时会陷下去，但车速很快时，沙粒就会粘在一起，车也不会下陷。应用这种面料可以制作运动员使用的柔韧护膝、比赛服、运动

▼ 新型服装面料

头盔和适应跑步时负荷变化的运动鞋等。

维生素 T 恤：如果你担心从饮食中不能得到足够多的维生素 C，你可以穿上富含维生素的 T 恤。日本发明了这种含维生素的面料，这种面料是将含有可以转换为维生素 C 的维生素原引入到传统的纺织面料中，这种维生素原与人体皮肤接触后就会生成维生素 C，一件 T 恤衫产生的维生素 C 量相当于 2 个柠檬的维生素 C 含量。穿着这种 T 恤，人们就可以通过皮肤直接来摄取维生素 C，多神奇啊！

电子服装：未来的服装将把人们和数字世界融为一体，在电子服装中，甚至连电脑的应用都变得像拉链一样普遍。现在美国科学家已经发明了一种能够安在衣服上的键盘，你可以轻松地在这种衣服上弹奏出动听的乐曲。相信这种新材料将会成为服装设计师们的新宠。时尚的 T 台将不再只是服装设计师艺术创新的发布场，也是科技展现魅力的新舞台。

自洁免洗服装：早在 20 世纪 50 年代，有自动清洁功能的衣服就出现在电影里了，今天，科学家正在将这一幻想变为现实。研究人员将二氧化钛微粒混杂到传统的纺织面料中去，制成具有自洁功能的服装面料。在阳光的照射下，这种面料中的二氧化钛微粒可以起到催化分解面料表面的油脂、污垢、污染物和有害微生物的功能。我国科学家以聚乙烯醇为原料，开发了一种具有超强的、不沾水的纳米高分子纤维材料。用这种材料裁成的衣服具有不沾雨水、油脂、油墨等污物的特点，达到自洁免洗的功能。

抗菌保健服装：将银、氧化锌等具有杀菌消毒作用的微粒混杂到传统的纺织面料中去，可以制成具抗菌保健功能的新型面料。这种面料可以非常有效地祛除身上发出的难闻气味，杀死附着在衣服上的有害细菌。目前已经可以在市场上买到这类产品了。

抗静电和电磁屏蔽服装：写字楼里的干燥空气，常常使我们面临被静电"偷袭"的烦恼。将具有导电功能的高分子材料复合到传统的纺织面料中，可以制成具有良好的抗静电、屏蔽电磁效果的面料。只要穿上这种面料的衣服，不管到什么地方，都可以防止静电的侵扰，并有效地屏蔽电磁波对人体的侵害。

随着科技的发展，越来越多神奇的、具有特殊功能的新型服装将会面世，为我们带来更美好、更健康的生活。

（林开利）

与光对话——光致变色有机材料

～～～～～～～～～～～～～～～～～～～～～～～～～～

　　你想过没有，你身上的服饰、室内的墙壁、手里撑的雨伞的颜色会随着光线或温度的变化而产生各种漂亮的颜色？当你置身于这种色彩随光而动的五彩缤纷的世界时，那种感觉是多么奇妙啊！这种时代正在向我们走来，而且已经在我们身边展现风姿了。

　　能够产生这种奇妙的色彩现象的，是一类光致变色有机材料。光致变色有机材料在不同强度的日光或其他光源照射或加热下，会瞬间由一种颜色变成另一种颜色，或由无色变成其他颜色，或发生颜色的深浅变化，当停止光照或加热时，又恢复到原来的颜色状态，是一种非常容易实现的可逆变色过程。为什么这类材料的颜色能够随着光照射或加热而产生变化呢？它的反应机制非常复杂。简单地说：太阳光是由红、橙、黄、绿、蓝、靛、紫等7种色光混合而成的，而光致变色有机材料在光的作用下，其内部结构发生了变化，从而吸收了太阳光中的某些色光，剩下的色光则被材料反射并传入人的眼睛，从而显现出材料的颜色。

▲ 含光致变有机材料的产品

应用光致变色有机材料制作的仪器设备具有驱动电压低、能耗小、反应时间短、发光亮度和发光效率高，以及便于调制颜色、实现全色显示等优点。此外，光致变色有机材料还具有轻便、易于加工、原料和制备成本低廉、无味无毒，且不会对人体和环境造成危害等特点，这些都是传统的光致变色无机材料所无法比拟的。

光致变色有机材料就其用途而言十分广泛，可以用于生产制造假发、指甲油、口红等化妆品，领带、头巾、T恤衫等服饰，窗帘、壁纸等装饰材料，还广泛用于制造工艺品和玩具、油漆涂料、广告牌、道路标识牌等。这些产品在光照或加热下会呈现出色彩丰富、变化多样的图案、文字、标示或花纹，美化人类的生活环境，提高生活情趣。光致变色有机材料还可以做成透明塑料薄膜，贴到或嵌入汽车玻璃、窗户玻璃上，阳光照射时马上变色，使阳光不刺眼，以保护视力，保证安全，并可起到调节室内或车内温度的作用。还可以溶入或混入塑料薄膜中，用作农业大棚农膜，提高农产品、蔬菜、水果等的产量和质量。光致变色有机材料还可以用作军事上的隐蔽材料，例如应用这类光致变色材料制作的作战迷彩服、战地帐篷、军事武器、车辆装备等具有非常出色的伪装效果，从而更好地隐蔽自己、迷惑敌人，提高自身的战斗力。科学家正在致力于研究开发一种能够折叠的，或能够穿在身上的显示器件，未来战场上的士兵可以摊开一张塑料纸，显示实时战情地图，飞行员、士兵和消防队员将可以戴上应用光致变色有机材料制作的头盔，这些都将有力地提高军队的作战能力。此外，光致变色有机材料还可以广泛用作光信息存储材料、光调控材料、光开关材料、光学器件材料、光信息基因材料、修饰基因芯片材料、自显影感光胶片和全息摄影材料、高技术防伪识别材料等。

我国的纺织印染业、服装业面临着国际市场的激烈竞争，如果我们利用光致变色有机材料和技术对这些传统行业的产品进行升级换代，必将进一步提升这一产业的国际竞争力，创造更多就业机会，带来更大的经济效益和社会效益，促进国家的经济发展。

目前研究和应用光致变色有机材料最多的国家是美国、日本和法国等。日本在民用行业上开发比较早，并且开始生产和销售光致变色有机 T 恤衫、变色眼镜和玻璃等产品。我国也在该领域开展了富有成效的理论和应用研究，并较早地应用光致变色有机材料开发防伪识别技术，该成果已经在相关领域得到很好的效果。

（宋维芳　林开利）

能吸铁的塑料

一谈起塑料，人们总会想起那些五颜六色的包装、小饰品以及桌子、椅子、饭碗、床、书架、地板、天花板、门窗，它们都可以用塑料来做，而且方便、美观。塑料有好多种，像做桌腿、床架的塑料，是"塑料钢"，它像钢铁那样结实；做窗户的塑料，是"有机玻璃"或者"塑料玻璃"，又透明又结实；做地板用的塑料，是"塑料橡胶"，富有弹性，表面不滑，老年人不会滑倒跌跤；天花板和墙壁内衬是用一种"泡沫塑料"做的，这种塑料的"肚皮"里尽是泡泡，又轻又能隔热，能使房间里冬暖夏凉。这种泡沫塑料还能隔音，如果我们把门关上，里面说话的声音再大，也不会吵到别人。

但是，你知道还有一种塑料具有磁性，可以和吸铁石媲美吗？可能大家觉得难以相信，塑料怎么会有磁性？顶多也只能产生静电吸附那些可恶的小灰尘罢了。你可不能小看科技的力量哦！ 2001 年，来自内布拉斯加州林肯大学的化学家们声称已研发出世界首创的塑料磁铁，不过该种磁铁只能在-263 ℃发挥作用。其他研究人员也研发出诸多塑料磁铁，不过也只能在极低的温度下起作用，在室温下由于磁性太弱，无法供商业使用。后来经过科学家们的不断努力，在 2004 年，英国德罕大学的研发者们首次研制出了在室温下起作用的塑料磁铁。这种特殊的塑料是由两种化合物 PNAi（翠绿亚氨基聚苯胺）和 TCNQ（四深蓝喹啉丙二甲烷）聚合而成的。人们之所以选择 PNAi，是因为 PNAi 是一种在空气中非常稳定、类似金属的导电体；而 TCNQ 具有形成自由基带电粒子的倾向。传统磁铁的磁性是电子自旋排列的结果。借用这一理论，在这种独特的塑料中，人们通过把组成塑料的聚合物链呈直线排列，从而使其产生的带电的自由基也作直线排列，来达到具有磁性的效果。

▼ 塑料磁铁原理示意图

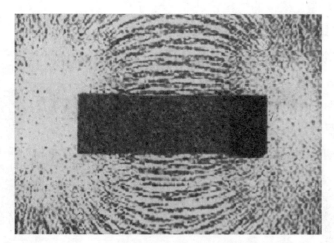

那么，这种塑料磁铁能够给我们的生活带来什么方便呢？科学家们认为，这种能使用于日常制品中的塑料磁铁，最可能的应用是作为塑料存

储设备。这可能导致新一代的高容量轻便的内存和磁盘的产生。这种磁盘不但可存储的东西多，而且质量很轻，可以大大降低电脑的重量，未来可取代磁性硬盘，成为一种便宜、快速、高容量的存储设备。目前，Intel 公司正在加紧开发一种采用聚酯型材料制备的塑料内存。这种新产品将向当前市场上的半导体内存（优盘）发起挑战。塑料内存具有非常高的性能价格比：成本只有当前采用硅材料生产的同类产品的 1/10，但其存储密度却高出许多倍，这是因为塑料内存采用了 3D 存储技术，数据被存储在成千上万的聚酯层内。我们可以想象，一旦这些产品进入市场，会给我们的生活带来多大的方便。笔记本、手机的重量将减少三分之一以上；便携式的移动硬盘不但体积、重量大大减轻，而且可以折叠，随便放在口袋里就行了，真正做到了口袋式；至于我们现在经常用的优盘，就不再会像现在这么硬邦邦了，它可以柔软得像手表表带那样，我们只要扣在手腕上就行了。除此以外，由于塑料易于调色，制成的产品色彩鲜艳、透明亮丽，而且可以加工成任意形状，因此这种塑料优盘还会成为一种新潮的饰物呢，既漂亮又实用，一定会受到大家欢迎。

除了作为计算机存储设备以外，塑料磁铁还可能具有重要的医学用途，譬如用于牙科医术或用于耳蜗移植的转换器上。因为是有机的磁性材料，人体排斥的可能性较小。因此，塑料磁铁具有非常广阔的应用前景。

不仅如此，塑料磁铁还可以成为人类的环保卫士

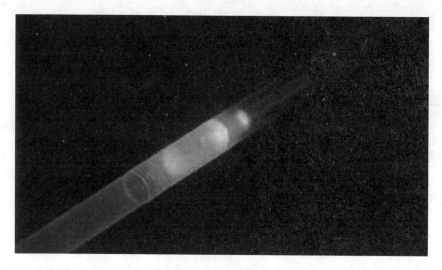

▲ 会发光的塑料磁
铁管

呢！人们可以利用它们来清理一些带有磁性的废弃物。所以，当你看到有人用塑料棒在河水里搅的时候，你可不要以为他在瞎玩啊，那可能就是河道清理工在清理河道里的铁废弃物呢。

（夏　炜）

可降解塑料——绿色世界的希望

~~~~~~~~~~~~~~~~~~~~~~~~~~~~~~~~~~~~

目前，世界塑料年总产量已超过 1.7 亿吨，用途渗透到国民经济和人民生活的各个领域，和钢铁、木材、水泥并列为四大支柱材料。塑料的用途小到我们生活中经常使用的塑料袋、塑料盆等，大到国防中的飞机、火箭等。然而，随着塑料产量的不断增长，用途的不断扩大，废弃塑料也日益增多。由于塑料在自然环境中难以降解、腐烂，严重污染了环境，由大量的废弃塑料袋、一次性餐具引起的"白色垃圾"问题已成为"百年难题"。有资料显示，城市固体废弃物中塑料体积高达 30% 左右。由于塑料是一种很难处理的生活垃圾，它混入土壤能够影响作物吸收水分和养分，导致农作物减产；填埋起来，占用土地。大量散落的塑料还容易造成动物误食致死，北京南苑的麋鹿因误食附近垃圾场飞入的塑料袋而死于非命。塑料易成团成捆，能堵塞水流，造成水利设施、城市设施故障，酿成灾害。不仅如此，甚至飞行员都能发现它们飞舞的身影，而且束手无策、避之不及，唯恐酿成大祸。

目前已有很多方法用来处理"白色垃圾"问题，包括焚烧、填埋等。但是，废弃塑料焚烧时，将对环境造成严重的二次污染，而填埋又会造成土地资源的浪费。因此，标本兼治是解决问题的最好办法。专家认为，一方面应及时有效地处理既生垃圾，一方面用能降解、易降解的制品代替塑料。为解决这个问题，高效降解塑料的研究开发已成为塑料界、包装界的重要课题，而且成为全球热点。由于降解塑料在一定条件下最终会转化成对环境无害的产物，因此我们又称其为"绿色塑料"。这些塑料有的可以通过吸收太阳光、进行光化学反应而分解，我们称其为"光降解塑料"；有的可以通过微生物作用而分解，我们称其为"生物降解塑料"；有些则可以通过空气中光和氧气的作用而分解，我们称其为"化学降解塑料"。

国外对降解塑料的研究较早，其中光降解塑料的研究技术最成熟。光降解塑料在日本已实行工业化，主要用于农膜、发泡托盘、瓶子、包装材料等，其降解速度取决于光照时间和强度，因此在实际应用中地域会受到限制。生物降解塑料则能解决这一难题，而且避免了二次污染，因此这类绿色塑料备受青睐。化学降解塑料的应用领域也较为广阔，普通农药包装塑料薄膜用后难以降解，严重污染农田生态环境。英国的帕罗格安公司成功研制出一种可水解的塑料薄膜，它具有普通薄膜的力学性能和印刷性能，可有效保证包装袋内的农药气味不外泄，并能耐碳氢类化学品的腐蚀，而其最大的特点是用后可水解降解，解决了农药包装薄膜污染环境的难题。

我国光降解塑料的研究开发起始于 20 世纪 70 年代中期，90 年代随着环保呼声日益高涨，降解塑料如雨后春笋般蓬勃发展。1998 年 11 月，一种以秸秆制成的一次性餐具首次摆上了北京百盛购物中心的快餐桌。这种餐具不但安全卫生，而且一次性使用后入土即为肥料，入水可成为鱼饲料。随后，在 1998 年 12 月 13 日的"绿色一次性餐具交流会"上，100 多家企业展示了他们以稻壳、纸浆、淀粉等为原料制作的餐具。一种生物全降解一次性快餐盒经北京一轻研究所 30 多名研究人员近三年的研究，已成功通过检测。测试证实，该餐盒使用后暴露在大自然中，40 天内全部变为水和二氧化碳。这种餐盒以淀粉（玉米、木薯淀粉）为原料，加入一年生植物纤维

▼ 让我们共同创造一个美好的世界

粉和生物防水胶，喷注到模具内加热发泡成型。

目前降解塑料作为高科技产品和环保产品，正成为当今世界瞩目的研发热点，其发展不仅扩大了塑料的功能，而且一定程度上缓解了环境矛盾，对日益枯竭的石油资源是一个补充，适应了人类可持续发展的要求。降解塑料制成的包装袋以及餐具已在我国开始推广使用，然而，由于制备这种塑料的成本相对传统塑料较高，以及人们环保意识还有待加强，要大量普及使用，还需要我们大家共同努力。我们相信，降解塑料的广泛使用，必然会带给我们一个美好的绿色世界！

（李海燕）

塑料之王的王者风范

～～～～～～～～～～～～～～～～

　　有些人或许知道，氢氟酸具有很强的腐蚀性，玻璃、铜、铁等常用的材料都会被它"吃"掉，即使是很不活泼的银制容器，也不能安全地盛放它。可是，别看氢氟酸很厉害，能"吃"掉很多东西，有一种东西它见了却无可奈何，这就是"塑料之王"。它的耐腐蚀本领可以说是"全球冠军"，现在人们还没有发现任何一种溶剂能够把它溶解，就是腐蚀性最强的"王水"，虽然可以腐蚀金和铂，但对它也无能为力。

　　那么，"塑料之王"到底是一种什么材料呢？它的化学名称叫聚四氟乙烯，是以四氟乙烯为单体聚合起来的高分子，商品名称叫特氟隆，俗称"塑料之王"。它的每一个基本单位由 2 个碳原子 4 个氟原子组成，基本原料是煤、石油、天然气，再加上一种被称为氟化氢的气体制成。聚四氟乙烯之所以被称为"塑料之王",不仅仅在于它有很好的耐腐蚀性能,而且它还特别坚牢,既耐热又耐冷,在250℃高温至–195低温范围内都可使用!另外,"塑料之王"还有一种其他材料无法比拟的性质,就是由它制成的产品表面非常光滑,所以人们又称它为"世界上最滑的材料"。我国于1965年成功制造了"塑料之王"。从此以后,由于它具有许多优良的性能,因此在现代生活中到处可见"塑料之王"的超凡魅力,使这种材料真正显示了其"塑料之王"的气魄,给人们的生活带来了很多便利。下面就来给大家说说"塑料之王"在我们生活中的广泛应用吧!

在商场,大家都可以看到商品架上"不粘锅"炊具和"不粘油"灶具,这种炊具给苦恼于饭后刷锅的人带来了福音,因为在炒菜烧饭时再也不用担心粘锅底了,吃完饭后,只要用水一冲,锅就会干干净净。那么,大家有没有想过这种锅为什么会有这种优点呢?这就是"塑料之王"的功劳了。人们利用它无可比拟的光滑特性,在锅的内表面涂上了一层"塑料之王",使得锅的表面十分光滑,所以食物不会粘在它上面。而且,这层"塑料之王"还可以把食物跟铝质隔开,能够避免人体摄入过量的铝呢!

除了这种光滑的炊具外,人们还利用了它的光滑特性制造出了一种特别的钢笔。大家都知道,钢笔用上几天后就要吸一次墨水,普通的钢笔从墨水瓶里拿出时,钢笔套外面墨迹斑斑,这时你要找废纸擦去这些墨迹，一不小心还会弄脏自己的手，这多麻烦呀！但使用这种特别的钢笔时，既不会弄脏你的手，还可以省去许多麻烦，因为它是用"塑料之王"制成的。把它从墨水瓶里拿出来时，上面一滴墨水也不会粘上，多么省事呀！

不仅如此，科学家们正在不断努力利用"塑料之王"的这种性能给人们带来健康呢！我们都知道，人的关节会由于一些疾病而受伤、损坏。在医治无效的情况下，人们研制出了一种人造关节，用来置换原有受损的关节。然而，如果所制备的"人工关节"不够光滑，在其活动时将会由于摩擦而给人体带来很大的痛苦。人们在情急之下，想到了"塑料之王"的超光滑特性和耐摩擦性能，并且用这种方法制备了性能很不错的"人工关节"呢！目前，这种"人工关节"的研究正在如火如荼地进行着，我们相信不久的将来，"塑料之王"又会给我们的健康带来福音哦！

除了生活中到处可以见到"塑料之王"的影子外，利用它的稳定以及耐腐蚀特性，人们还制成运输液态氢的超低温的软管、垫圈和登山服的防火涂层，以及化工厂的反应罐、防腐衬里等。在原子能、半导体、超低温研究和宇宙火箭等尖端科学技术中，它也都有广泛的应用。不过，值得我们注意的是，它的优点也成了制造上的困难，因为把它加热到 415 ℃ 也不呈现流动状态，不像一般热塑性塑料，只要把高分子树脂加热后，用灌注、挤压吹塑等方法便可以使塑料成型。将"塑料之王"加工成型，必须先预压成毛坯，再烧结，成本较高。不过，我们相信"瑕不掩瑜"，在不久的将来，"塑料之王"将会与我们越来越亲近，成为我们的好朋友！

（李海燕）

现代生活的伴侣——胶粘剂

~~~~~~~~~~~~~~~~~~~~~~~~~~~~~~~~~~~~~~

　　一架超音速飞机凌空而过，刹那间消失得无影无踪，飞得好快啊！飞机这么庞大的物体为什么飞得那么快？原来飞机是由新型航空材料——蜂窝夹层结构的板材制造的。这种既轻巧又结实的板材是借助于胶粘剂，将六边形的蜂窝芯子和铝质蒙皮紧密胶接成一个整体。晚上的上海大剧院在灯光照耀下，晶莹剔透，熠熠生辉，这是因为它的外墙采用了玻璃幕墙。这种玻璃幕墙就是用胶粘剂将玻璃和金属框架黏合在一起的。胶粘剂在我们现代生活中充当的角色可是太重要了，无论是天上飞的、水中航行的、路上跑的，还是身上穿的、家里用的，或者是医疗卫生、建筑施工，都离不开胶粘剂。有了胶粘剂，我们的生活才变得如此丰富多彩！

　　能够把同种类和不同种类的固体材料表面紧密连接

▲ 使用胶粘剂的产品

在一起的物质称为胶粘剂，也叫黏合剂。胶粘剂这个家族的老一辈都是在大自然中生长的，什么松香啦、树胶啦，动物骨皮熬制的牛皮胶啦等等，我们统称为天然高分子胶粘剂。已经有几千年历史的天然高分子胶粘剂，现在已经让位给了新兴的一代——合成高分子胶粘剂。合成胶粘剂的出现距现在仅有100多年的历史，但发展十分兴旺发达，名堂也很多：有树脂类型，如环氧树脂、酚醛树脂、脲醛树脂等；有合成橡胶类型，如丁腈橡胶、氯丁橡胶等，有意思的是，这两类胶粘剂又攀上了亲家，出现了树脂-橡胶混合型胶粘剂，如丁腈酚醛胶粘剂，这样又衍生出许多胶粘剂品种。合成高分子的发展，使高性能胶粘剂层出不穷，像有机硅、聚氨酯和丙烯酸酯等胶粘剂已经大量应用。胶粘剂家族中还有一类称为无机胶，它的性能同天然和合成胶粘剂截然不同：特别耐高温，比较硬脆。

胶粘剂能够黏合的材料很多：金属、各种合金、玻璃、陶瓷、木材、皮革、塑料和橡胶等等。黏合时一般对黏接面用砂纸打磨和表面清洁后，用胶粘剂直接黏合就可以了。对于黏合强度大、耐久性良好的或者两种被黏材料性质差别大的，则对被黏材料的表面进行特别处理，如喷砂、涂表面处理液，再用胶粘剂黏合，就可以得到很好的黏接效果。

使用胶粘剂的好处可多啦！利用黏接可以有效地将不同种类的金属和非金属之间连接在一起，这是用电焊方法难以做到的。黏接是通过胶粘剂均匀地分布在黏接面上，不像焊接那样存在应力集中问题，因此能提高黏接的疲劳寿命。黏接能减轻重量。选用功能性胶粘剂还能赋予黏接面特别的性能如导热、导电、导磁、绝缘等等。当然胶粘剂也有局限性，例如与焊接相比，黏接强度还不够高；耐高低温性能还是有限的，一般使用温度在 $-60\sim+200\ ℃$；在光、热、空气及其他因素作用下，胶粘剂会老化，影响寿命。

木材加工业是胶粘剂消耗量最大的行业，胶合板、密度板、家具等大量使用酚醛树脂和脲醛树脂；航空航天工业中一架波音 747 喷气式客机要用胶膜 2 500 平方米和胶粘剂 450 千克；电子电器工业、汽车和造船工业、建筑业及包装印刷业等都大量使用胶粘剂。过去人们使用的胶粘剂大多含有溶剂，现在已经向无溶剂型和水基型发展，胶粘剂给我们带来的是更安全、更方便的生活。

（杨中文）

功能强大的人造树叶——染料敏化太阳能电池

人类利用和使用太阳能的历史很悠久，早在西周时代，我们的祖先就曾用"阳燧"这种简单的器具向太阳"取火"，开辟了人类利用太阳能的新纪元。国外古代传说中就有阿基米德借助镜子聚焦，烧毁了敌人的战船，从而保卫了国家和人民的故事。近代太阳能利用历史，可以从 1615 年法国工程师所罗门·德·考克斯发明世界上第一台太阳能驱动的发动机算起。对于太阳能的利用，最具潜力的是各种太阳能电池的开发和使用。太阳能电池实际上就是一种把光能变成电能的能量转换器，这种电池是利用"光生伏打效应"原理制成的。光生伏打效应是指当物体受到光照射时，物体内部就会产生电流或电动势的现象。

1941 年，国外出现有关硅太阳电池的报道。1945 年，美国贝尔电话实验室制造出了世界上第一块实用的硅太阳能电池，开创了现代人类利用太阳能的新时代。1958 年，太阳电池应用于卫星航天领域。随后，人们先后研制了单晶硅电池、多晶硅电池、非晶硅电池、砷化镓双结电池等，能量转化效率最高可以达到 28%。但是，这种电池制造工艺复杂，成本很高，大约是传统电池成本的 10 倍。

1991 年，瑞士洛桑工学院的葛瑞特发明了一种成本非常低廉的太阳能电池。这种太阳能电池使用了很廉价的、性能很好的纳米二氧化钛为电池的负极，然后，在纳米二氧化钛上吸附一层对太阳光敏感的有机染料，用透明导电玻璃作为正极，两个电极之间充入电解质。这种电池由于使用了有机染料，所以也叫染料敏化太阳能电池。它制作的原材料简单易得，工艺又不复杂，而转化太阳能的效率却相当高，功能如同一片树叶，所以被形象地称为"人造树叶"。

和树叶相比较，染料敏化太阳能电池中所使用的有机染料，就如同树叶中的叶绿素，在太阳光的照射下，会产生光生电子，纳米氧化钛电极就像集结电子的收集器。当有外电路接通时，收集器中的电子就会通过外电路，跑到另外一极，形成电流；当外电路没有接通时，电子就聚集在纳米氧化钛上储存起来，形成电压。这种电池只要在光照下，就会源源不断地产生电子，将光能直接转化为电能，不会排放任何废物，就如同树叶一样，实现了真正的"零排放"。它又比树叶具有更多的优点，比如，它可以随时使用，使用的时候，只要用导线一连接，就会有电流，不用的时候，电子会自动储存在氧化钛电极中；由于氧化钛具有较好的可见光透过率，所以，这种人造树叶几乎是透明的。

和其他类型的太阳能电池相比较，这种染料敏化太阳能电池能量转换效率虽然不是最高的，但是，因其以简单的制备工艺、低廉的成本，达到了很高的性价比，它的出现成为纳米材料发展中非常激动人心的事件。另外，这种染料敏化太阳能电池的每一个部分都可以独立优化，采用导电薄膜为基板，这种太阳能电池可以薄如蝉翼，而且可以随意弯曲；采用氧化钛纳米管阵列以及寻找效率更高的有机染料，可以使光电转化效率进一步地提高。

目前，实验室的结果显示，这种神奇的人造树叶已经能够满足实用化的要求。日本已经开始生产出部分的商品，我国中科院等离子物理研究所也于 2004 年建立了 500 瓦规模的小型发电站。当然，这种电池的关键技术仍需进一步突破，并实现产业化，但应用前景十分巨大而且诱人。例如，这种透明的"树叶"如果做成大面积，有可能代替玻璃，只要受到光照，就可以为室内小型器件提供动力。它更有可能成为为室外广告牌提供电力的主角，当有光照时，这些广告牌受到驱动，会产生美丽的七彩图案，这样就可以减少因电力消耗而产生的热辐射，创造最佳的人居环境。在光照充足的地方，这种太阳能电池有更大的用武之地，例如，在高原沙漠地带，这种太阳能电池可以为小型汽车提供动力，届时只要在车顶上架一个装有太阳能电池的大篷，在阳光照射下，太阳能电池就能供给汽车电能。人们可以做长途旅行，不用担心汽车缺少燃油，也免除了旅行中额外的辎重。电视差转机一般都建在高山上，架设高压输电线路供电很困难，投资很高，所以最适合使用太阳能电池供电，电视差转机使用太阳能电池作电源，既快捷，又节省投资，而且维护、使用方便，可以做到无人管理。

这种可弯曲并且透明的电池不但收放自如，而且可以层叠起来，提高太阳光的利用率。在航天方面，将是宇宙飞船或者卫星动力的新宠。相信经过我们坚持不懈的努力，在不久的将来，这种神奇的"树叶"必定会让我们的生活更加美好。

（葛万银　李永祥）

膜科学技术的魅力

〜〜〜〜〜〜〜〜〜〜〜〜〜〜〜〜〜〜〜

    今天我们这里讲的膜可不是我们生活中常见的塑料袋、保鲜膜，而是一种分离膜。其实，我们生活中的许多产品都涉及膜技术，不知不觉中，它极大地改善了人们的生活质量。比如，地中海中部的马耳他王国，岛上有 3.5 万居民，每年有数十万前来观光的旅游者，但是岛上缺乏淡水，只有又苦又咸的海水，那么，他们是如何解决生活用水的呢？马耳他利用反渗透膜建设了世界上最大的反渗透海水淡化厂，成功地去除了盐类物质，把海水提纯为淡水。迄今为止，反渗透技术已为世界上 1 亿多人口解决了喝水问题，特别是在中东和海岛等淡水资源贫瘠的地方。在我国，据调查，到 2010 年，全国需水量 7 300 亿立方米，可供水量 6 200～6 500 立方米，缺水量达 1 000 亿立方米。缺水最严重的当属沿海地区、内陆苦咸水地区和内陆大中型城市。而海水淡化、苦咸水淡化以及污水净化，正是膜技术的强项。

膜技术最主要的应用是水处理，包括我们喝的纯净水，都采用了膜技术去除水中杂质、细菌等。在微电子工业中，比如电脑芯片的生产中，对所用的水要求都非常高，不能有一点点的杂质和离子，否则就会导致大量次品。电视机中的集成电路制造中，清洗硅片时，若纯净水不纯，荧屏就会变色、变暗，成为次品。而这种高纯度的水都是通过膜技术获得的。再有我们平时喝的高档饮料，都是经过膜分离过程除去沉淀和杂质的。还有牛奶脱脂、果汁浓缩、黄酒纯化、白酒陈化、啤酒除菌、味精提纯、蔗糖脱色、氨基酸浓缩、酱油除菌等生产中，膜技术都立下了汗马功劳。此外，医疗上的人工肺、人工肾实际上用的都是分离膜。有关机构指出：膜技术与光纤、超导等技术将成为主导未来工业的六大高新技术之一，也将是新世纪十大高科技产业之一。

膜技术到底是什么呢？简单地说，所谓分离膜就是遍布微小孔洞的一层薄膜，只不过，这个孔洞非常小，小到肉眼看不见的程度。根据孔径的大小，可分为微滤膜、超滤膜、纳滤膜、反渗透膜等。还有些膜技术除了孔道的筛分效应外，还利用了电场、浓度差等效应来实现分离。膜分离技术具有常温下操作，无相态变化，高效节能，在生产过程中不产生污染等特点。因此，膜技术及与其他技术集成的技术，将在很大程度上取代目前采用的传统分离技术，达到节能降耗、提高产品质量的目的。

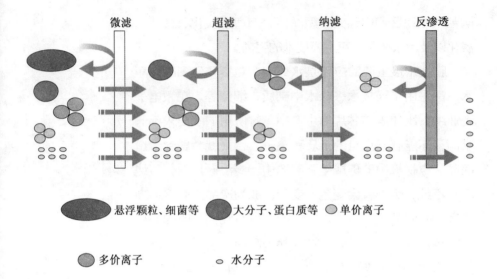

微滤　　　　超滤　　　　纳滤　　　　反渗透

⬭ 悬浮颗粒、细菌等　⬤ 大分子、蛋白质等　◯ 单价离子

⬤ 多价离子　　　　○ 水分子

▲ 膜分离技术（压力驱动）示意图

膜技术的诞生只有短短的 50 年历史。20 世纪 50 年代末，以离子交换膜为代表的渗析和电渗析技术率先创建了膜工业，在脱盐和浓缩等方面得到了普遍应用，尤其是离子交换膜技术的发展，使制碱工业发生了革命性的变化。20 世纪 80 年代中期以来，膜技术进入全面发展阶段，研究开发出了以空气为气源的膜法富氧技术；用于低分子切割的纳滤膜技术；高通量、高脱盐率的反渗透复合膜技术；用于有机溶剂分离的渗透汽化技术，以及用于微滤和超滤的无机膜分离技术等，这一切为膜分离技术产业的发展奠定了坚实的基础。从材料上分，可分为有机膜和无机膜；按功能分，可分为分离膜和反应膜。可用作有机膜材料的有几百种。由于它的种类繁多，组合的多变，在环保、医药、化工、食品、电子、冶金、纺织等众多领域里都身手不凡，被公认为是当代最有前

途的高新技术之一。

中国膜工业协会根据近几年膜工业发展的速度和经济建设的需求分析预测：2005年，我国膜市场需求将达50亿元以上，2015年，膜市场需求可望超过200亿元，将占到世界总量的10%～15%。目前，我国在膜法富氧、纳滤膜、反渗透复合膜、渗透气化和无机膜分离等技术领域的开发和应用，都进行了有益的尝试并取得重大突破。在工业气体膜法脱湿、工业气体酸性组分、（二氧化硫、二氧化碳）膜法脱除有机蒸气与回收、天然气膜法净化、膜法废水资源化、城市中水回用、水中溶解气体脱除，以及海水淡化处理等技术，均已进入中试和工业生产阶段。

不过现在的膜技术还处于幼年期，我们知道生物体内的生物膜其实也是一种分离膜，只不过它更加高级。因为它在物质和能量交换时，只允许其中的某些物质通过，而排斥其他物质，实现主动选择和可识别选择。而现在的膜技术主要是被动选择，根据分子的大小、极性、浓度的差别实现分离效果，要真正发展到主动选择还有很长的路要走。可喜的是，最近十多年，科学界已经在这方面迈出了重要的一步，实现了不仅仅是依靠分子尺寸分离的膜，还可以根据独特的分子结构进行识别分离，即所谓的亲合膜。可以预见，未来的膜技术将极大地推动科学和技术的进步，人类的生活品质也将得到极大的提高。

（杨 虎）

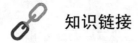

知识链接

膜结构

　　膜结构是 20 世纪中期发展起来的一种新型建筑结构形式，是由多种高强薄膜材料及加强构件（钢架、钢柱或钢索）通过一定方式使其内部产生一定的预张应力以形成某种空间形状，作为覆盖结构，并能承受一定的外荷载作用的一种空间结构形式。膜结构可分为充气膜结构和张拉膜结构两大类。充气膜结构是靠室内不断充气，使室内外产生一定压力差，室内外的压力差使屋盖膜布受到一定的向上的浮力，从而实现较大的跨度。张拉膜结构则通过柱及钢架支承或钢索张拉成型，其造型非常优美灵活。世界上第一座充气膜结构建成于 1946 年，设计者为美国的沃尔特·勃德，这是一座充气穹顶。张拉膜结构的应用比较著名的有沙特阿拉伯吉达国际航空港、加拿大林德塞公园水族馆、英国温布尔登室内网球馆等。

"筛"出海洋中的淡水——分离膜材料

～～～～～～～～～～～～～～～～～～～～～～～～

　　水是人类赖以生存的基本物质。人可以7～10天不进食，但不能滴水不进。要知道，人体总重量的50%～60%是水，儿童体内的水分更是高达80%。可以说，水是孕育一切生命的基础。然而，人口的激增和工业的发展，直接导致了世界众多国家和地区闹水荒。据世界卫生组织的调查，早在20世纪70年代中期，世界上就已有70%的人喝不到安全、卫生的水了。我国是世界上极度缺水的国家之一。可以预计，按照目前的淡水消耗速度和水源污染状况，未来"水贵如油"的说法也许将毫不过分。

　　地球表面的71%被水覆盖着，总水量约14亿立方千米。但是地球表面的水中97.3%是浩瀚的海洋，而淡水资源只占地球水资源总量的3%，在这3%的淡水中，可

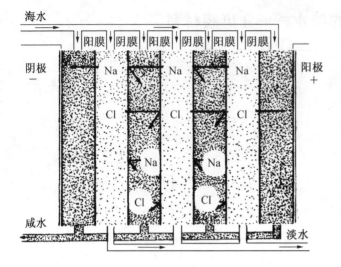

海水

阳膜 阴膜 阳膜 阴膜 阳膜 阴膜

阴极
−

Na Na Na

Cl Cl Cl

Na Na

Cl Cl

阳极
+

咸水

淡水

▲ 电渗析海水淡化原理
▼ 反渗透海水淡化原理

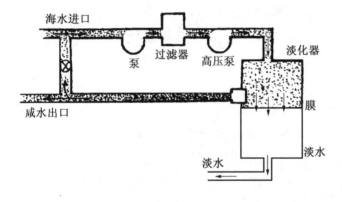

海水进口

泵 过滤器 高压泵

淡化器

膜

咸水出口

淡水

淡水

供直接饮用的却只有0.5%。一个非常矛盾的问题摆在了人类的面前：一方面，地球上的水并不少，但绝大多数是苦涩的海水；另一方面，人类生存所必需的淡水却越来越少。怎么办？向海洋要淡水，这才是从根本上解决人类水危机的唯一出路。

其实，海水淡化早就是人们重视的一项技术，如今已有多种海水淡化的方法，如多级闪蒸法、电渗析法、溶剂萃取法、冷冻法、反渗透法等。其中，反渗透法是耗能最少的一种方法，而且用它可直接从海水中得到清洁的淡水，是海水淡化最有前途的技术。该技术中最核心的部件就是分离膜高分子材料。这种膜材料是应用纤维素衍生物、聚氯乙烯、聚乙烯醇等高分子材料制备而成的。这种膜材料的表面和内部布满了无数的、孔径大小在几纳米到几十纳米大小的微孔。这种膜材料就像筛子一样，它能够让水分子通过，而把海水中的泥沙、盐分、细菌及其他杂质"筛"掉。非常合适的孔径尺寸分布，让盐分等杂质休想蒙混过"关"。

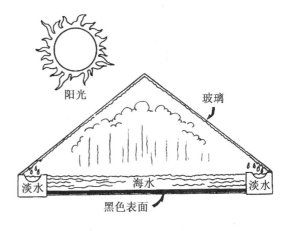

▲ 太阳能海水淡化原理

分离膜高分子材料和膜分离现象在大自然特别是在生物体内广泛存在，如动物的膀胱和鱼鳔。但人类对它的认识、利用、模拟，直至人工制备却只有不到 60 年的历史。1960 年，美国加利福尼亚大学洛杉矶分校的索里拉金和劳勃制得了世界上第一张透水量大、除盐率高的醋酸纤维素分离膜材料。1969 年，美国杜邦公司制成了以尼龙 66 为主的中空纤维分离膜材料。20 世纪 80 年代，人们发明了一种复合膜。这种复合膜由三层组成。上面一层是超薄分离膜材料，中间一层是多孔支撑层，最底下为织物增强层。它"筛"水量极大，除盐率更是高达 99%，是一种非常理想的分离膜高分子材料，被广泛应用于海水淡化装置中。

分离膜高分子材料除了在海水淡化中得到应用，还广泛用于分离、浓缩和纯化生物制品，节水，血液处理，废水处理，超纯水制备，中草药的浓缩提纯，原材料的回收与再利用，污水及废气处理，化工产品生产，乳品加工，气体和细菌的分离等领域。目前，这类材料及装置的市场年总销售量已超过 100 亿美元，形成了一个相当规模的工业技术体系。

今天，应用分离膜高分子材料制备的海水淡化装置已在为人类服务了。国外已有多套日产水量为 10 万吨级以上的海水淡化装置。据不完全统计，世界上已有海水淡化工厂 1 000 多家，其中最大的是建在位于地中海中部的马耳他。它为这个岛国的 3.5 万居民以及来观光的旅游者源源不断地提供着清洁的淡水。关于分离膜高分子材料的研究仍在进行之中，随着人们对这一材料的认识的进一步深入，其"筛选"功能必将得到改进和加强，对人类社会的贡献也将越来越大。总有一天，人类再也不必为缺水而发愁！因为有了这种"筛子"，海洋就可以源源不断地为人类提供淡水了。

（林开利）

由大闸蟹说开去

~~~~~~

　　中国人爱吃大闸蟹，阳澄湖的大闸蟹更是名噪国内外。但吃完大闸蟹，看到满桌狼藉的蟹骸，你可曾想到过它的用途，可曾想过变废为宝？

　　其实，蟹壳中含有一种丰富的自然资源，即甲壳素。甲壳素又名蟹壳素、聚乙酰氨基葡萄糖等，是一种维持和保护甲壳动物和微生物躯体的线性氨基多糖，广泛存在于节足动物类（蜘蛛类、甲壳类）的翅膀或外壳中。壳聚糖又称聚氨基葡萄糖、可溶性甲壳素，是由甲壳素经脱乙酰化反应转化变成的分子量为12万～59万的生物大分子。从勃拉康于1811年描述甲壳素至今，甲壳素和壳聚糖已有200多年的发展历史。

　　也许你没有发现，在我们的日常生活中时时可见壳聚糖的身影。壳聚糖具有很好的抗菌活性，将其添加到固液食品中，既会对汁液有一定的澄清作用，又可起到防腐保鲜作用，又由于壳聚糖只能溶解在弱酸中，因此特别适合酸性或低酸性的食品保鲜，如常添加于腌制食品中或用于海产（虾）、水果（荔枝、猕猴桃）的保鲜。

保湿剂是化妆品中不可缺少的重要成分，它起着湿润皮肤的作用。保湿剂种类很多，其中来源于生物体的保湿剂——透明质酸（简称 HA）是一种性能极佳的保湿剂。HA 对人体皮肤无任何刺激性，应用到化妆品中，对皮肤有滋润作用，可使皮肤富有弹性、光滑，延缓皮肤老化。但其制备工艺复杂，成本较高，这在一定程度上制约了 HA 的广泛应用。为此，人们不断研究开发与其作用相似的产品。壳聚糖作为一种资源丰富、价格低廉的天然高分子化合物，由于含有羟基、氨基等，呈现出较好的吸湿性和保湿性，近些年来已引起化妆品界的极大重视，目前已经开发出一定数量的保湿性能优良的衍生物产品。如用脱乙酰度为 40%～60% 的壳聚糖与橄榄油、乙二醇、甘油、羟苯甲酸酯成分混合，1% 的壳聚糖与氨基酸、氨基葡萄糖盐酸盐复制而得到的护肤液，均具良好的保湿及润肤性。

壳聚糖能溶解于弱酸中，是很方便的成膜材料，而且这种膜是可食用膜，同时又可在水和热水中保持原状，因此特别适合于固体、液体食品的包装。香肠肠衣类的膜也是壳聚糖与其他物质复合制成的。

你身边有戴隐形眼镜的人吗？用壳聚糖做原材料，让其溶液在聚乙烯膜上蒸发，进而在一个钢膜中加压即

可形成软性接触眼镜，即隐
形眼镜。最新品种的彩色隐
形眼镜，其中的染色成分与
壳聚糖的骨架紧密相联，在
水中浸泡几个月也能保持稳
定。以壳聚糖作为原材料制
备的隐形眼镜，其优异的透
氧性和促进伤口愈合的特性，
也为发炎或受伤眼睛的辅助
治疗提供了一个美好的前景。

▲ 蟹壳中含有一种
丰富的自然资源

　　壳聚糖具有良好的生物相容性和生物降解性，降解
产物一般对人体无毒副作用，在体内不积蓄，在生物医
学领域有着极广阔的前景。

　　用甲壳素、壳聚糖等原料制成的人工皮肤吸水性、
透气性、组织相容性良好。若与乙酸合用，还有镇痛、
抗感染等功效。国内已有掺加诺氟沙星的壳聚糖烧伤膜
报道。甲壳素无纺布人工皮肤现已在国外销售，用于整
形内科、皮肤科，作为一二度烧伤、采皮伤、植皮伤以
及肤介伤的被覆保护材料。

　　与传统使用的羊肠线相比，用甲壳素制成的吸收型
外科手术缝合线组织反应好，柔软性好，易打结，具有
治愈创伤效果，伤口修复快，创口平整漂亮。甲壳素缝
合线系采用高纯度的甲壳素粉末，用适宜溶剂（如酰胺
类溶剂）溶解，配制成 10% 的甲壳素浓溶液，经湿法纺
丝制得细丝，除去残留溶剂后纺制成不同型号的缝合线，

而且缝线的力学性能良好，能很好地满足临床实践的要求。这种缝线与天然组织相当，并适于打结。在手术伤口愈合过程中，甲壳素缝线在体内的抗张强度逐渐下降，并在溶菌酶的作用下首先分解成低聚糖，然后经一系列化学反应，一部分以二氧化碳的形式由呼吸道排出体外，另一部分则以糖蛋白的形式为人体吸收利用。

除此之外，壳聚糖曾在 1991 年被欧美学术界誉为继蛋白质、脂肪、糖类、维生素和无机盐之后的第六生命要素。据文献报道，壳聚糖对疾病的预防和保健作用有：强化免疫功能；降低胆固醇；降血压，降血糖，强化肝脏功能；使血管扩张，从而改善腰酸背痛症状；治疗烧伤，烫伤，加速外伤愈合；防止胃溃疡，吸附体内有害物质并排出体外等。此外，壳聚糖还能够用于生物传感器、合成人工器官（人工皮肤、黏膜、腱、牙、骨），还可作减肥药使用。

壳聚糖的应用涉及许多领域，其中化妆品、保健品、食品工业等行业对壳聚糖的需求增长最快；在医药、化工、造纸、农业、环保、轻纺等领域正得到广泛的应用。壳聚糖以其资源丰富、价格便宜、安全无毒等众多优点，使得各国对壳聚糖的应用研究不断深化，预计未来若干年，国内外在对壳聚糖的开发和利用上会取得更多成果。

（赵　莉）

绿色化学创造绿色生活

～～～～～～～～～～～～～～～

近 20 年来，随着全球性环境污染的加剧、能源的匮乏和社会公众对环境保护及人类可持续发展的日益关注，人们开始对造成环境与生态恶化的主要元凶——化学和化学工业的重要性提出质疑。人类的生存和发展是利用和消耗自然资源的过程，这个过程的科学基础就是化学。化学工业是人类文明和社会发展的基石。随着世界人口的剧增、人类消费的日益增加，我们越来越感受到来自自然的巨大压力，最主要的是人口、能源和环境三大问题。化学化工的发展为人类生活的改善提供了源源不断的能源和物质基础，但同时又是造成能源和环境问题的罪魁祸首之一。因此，绿色化学的出现，为人类最终从化学的角度解决环境和能源问题带来了新希望。绿色化学又叫环境无害化学、环境友好化学、清洁化学。顾名

▲ 绿色化学创造绿色生活

思义，绿色化学就是应用化学的技术和工艺去减少或消灭那些对人类健康、社区安全和生态环境有害的原料、催化剂、溶剂和试剂的产物与副产物等的使用和产生。绿色化学的理念和目标在于不再使用有毒、有害的物质，不再产生废物。这是一门从源头上阻止环境污染的新兴学科，它追求可持续发展，并从节约资源和防止污染的角度来重新审视和改革现在的整个化学和化工领域。"绿色"是环境意识的革命，"绿色化学"则是化学学科的又一次飞跃。为此，美国在1996年设立了"总统绿色化学挑战奖"，奖励在利用化学原理从根本上减少化学污染方面的科学成就。此外，日本、欧洲、拉美等国家也相应地制定了环境无害制造技术、减少环境污染技术等方面的法规和制度，并建立了大量的绿色化学研究机构。总之，绿色化学的研究已经成为一门重要的化学学科分支，是我们人类通向绿色生活的必由之路。

　　绿色化学的研究和应用主要是围绕化学反应、原料、催化剂、溶剂和产品的绿色化而开展的。这也是对传统的先污染后治理的化学工业的挑战和革命，是从源头上防止污染的新理念，是解决环境与生态困境的必然出路。为了实现绿色化学工艺和工业，主要着眼于以下几个方面：

首先，采用无毒、无害的原料。化学研究和化工生产中经常采用有毒、有害的原料，如剧毒的光气、氢氰酸、苯类、醛类等原料和中间体，它们严重地污染环境并危害人类的健康。采用无毒、无害的原料是绿色化学的一项重要任务。

其次，开发、应用"原子经济"反应路线。就是最大限度地利用原料分子中的每一个原子，使之结合到目标分子中，不产生副产物或废物，从而实现废物的零排放。"原子经济"反应有利于节约资源和保护环境。

第三，采用新型、高效、环境友好、可回收的催化剂。通过选择催化剂，可以提高反应的选择性，并避免副产物的生成，提高原子的利用率，减少有害物质的排放。

第四，采用无毒、无害的溶剂。致力于开发无溶剂存在下的反应，如固态反应；开发和应用无毒、廉价、不危害环境的水介质体系；以超临界流体做介质的反应，将成为绿色合成工艺的重要途径。

第五，产品的绿色化。采用新的工艺、新的原料、新的配方，合成新的对人类和环境无毒、无害的绿色产品，是绿色化学的最终使命和终极目标。如开发新型的制冷剂，减少对臭氧层的破坏；开发新型的、可生物降解的高分子材料，解决"白色污染"问题。

第六，充分应用可再生资源。采用可再生资源做化学化工原料，是绿色化学的一项重要任务和研究方向。据统计，现代 95% 以上的有机化学品都来自石油和煤，但石油和煤的储量有限，属不可再生能源。同时，石油和煤的开采、加工和使用又严重污染环境。采用可再生的生物质，如淀粉、纤维素、沼气、糖类等取代传统的石油、煤等工业原料，既可以保护资源，又有利于环境，可谓一举两得。

第七，从产品开发的途径上考虑。传统的化学工艺的开发是经过漫长的实验探索，并不断地改进、优化和完善。在这种研究模式下，必将消耗大量的化学试剂、溶剂和能源，并源源不断地产生副产物和废物。开发一条可行的化学工艺往往需要经过漫长的时间和消耗大量的人力、物力。为此，计算机辅助新材料和分子设计得以迅速发展，并在实践中得到应用。如在有机合成和药物合成中，科学家首先建立了一个已知的有机合成反应尽可能全的资料库，然后在确定目标产物后，第一步找出一切可产生目标产物的反应；第二步又把这些反应的原料作为中间目标产物，找出一切可产生它们的反应路线；接着应用计算机智能技术，优化出价廉、不浪费资源、不污染环境的最佳反应路线；最后，通过化学方法合成出所设计的目标分子。

绿色化学在节约原料、保护环境、保障人类健康与安全方面发挥了日益显著的作用，并受到社会的广泛关

注。世界各国的许多科研机构和政府部门都在致力于绿色化学的开发和推广应用。目前，欧美等国家在这方面的研究和应用取得较好的进展，我国也加大了这一领域的研究和开发力度，并筹建了相关的部门和研究机构。相信随着科学的进步和人们绿色意识的提高，我们赖以生存的地球环境会变得更加美好！

▲ 绿色化学标志

（林开利）

液晶显示材料

～～～～～～～～～～～～～～～～～～～～～～

　　提起计算器、手机以及液晶显示器，大家都很熟悉。也许你曾经思考过：它们的屏幕是如何显示文字和图像的呢？这就不得不提到这些屏幕都采用的一种关键材料——液晶。那么，什么是液晶呢？液晶是一种性能介于液体和晶体之间的有机高分子材料，它既有液体的流动性，又有晶体结构排列的有序性。液晶的发现已经有 100 多年的历史了，最早可追溯到 1888 年，奥地利植物学家莱尼茨尔在做加热胆甾醇苯甲酸酯结晶的实验时发现：在 145.5 ℃时，结晶熔解为混浊黏稠的液体，加热到 178.5 ℃时，则形成了透明的液体。第二年，德国物理学家莱曼用偏光显微镜观察时，发现这种材料具有双折射现象，他阐明了这一现象，并提出了"液晶"这一学术用语，现在，人们公认这两位科学家是液晶领域的创始人。此后，液晶的研究没有重大进展，直到 1968 年，美国的海尔迈使用向列型液晶的动态散射效应，发明了液晶数字手表（电子表），并提出了壁挂式电视机的设想而引起轰动，开创了液晶电子学。目前，世界上已有 75 000 多种液晶物质，多数为脂肪族、芳香族和胆甾族化合物。

　　大多数液晶高分子是棒状分子。人们根据分子排列的不同，把液晶分为胆甾相、近晶相、向列相等形态。低温下它是晶体结构，高温时则变为液体，在中间温度则以液晶形态存在。目前，各种形态的液晶材料基本上都用于开发液晶显示器（简称 LCD），已经开发的有各种向列相液晶、铁电液晶和聚合物分散液晶显示器等，其中市场份额最大、发展最快的就是向列相液晶显示器。液晶是如何显示的呢？首先要介绍一下偏振片，它是一种特殊器件，只允许偏振方向与它的偏振化方向平行的光透过。普通自然光是一种复合光，它在各

▲ 带液晶显示器的汽车仪表盘
▼ 彩色液晶显示电视机

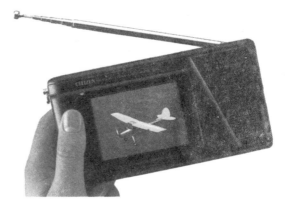

方向都偏振，因此可以通过偏振片，透射光的偏振方向
与偏振化方向平行。但是，如果让两个偏振片的偏振化
方向相互垂直，则由于第一次出射光的偏振方向与第二
个偏振片的偏振化方向垂直，因此光不能通过第二个偏
振片（图 1 右）。

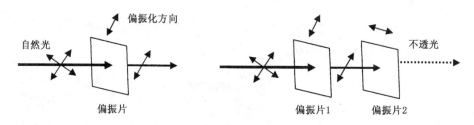

▲ 图 1　偏振片透光原理示意图

　　如果把液晶放在两个偏振片之间，如图 2 所示，情
况会发生变化。在向列相液晶中，棒状分子的排列是彼
此平行的。在玻璃上涂一层特殊物质可以使靠近玻璃板
的液晶分子朝某一方向排列，如果上下两玻璃板的定向
是彼此垂直的，则液晶分子将采取逐渐过渡的方式被扭
转成螺旋状。此时，如果有光线从上端进入，通过第一
个偏振片后，将被液晶分子逐渐改变偏振方向（从上至
下旋转了 90 度），因为这种螺旋结构的液晶具有调制光
线偏振方向的特性，光线最终可以从下端射出。图 2 中
同时用纸片作为模型类比，这个原理就可以直观地表现
出来。如果两玻璃板之间被加上电压，则分子排列方向
将与电场方向平行，光线则不能通过第二个极板（与图 1
右情况类似）。图 2 右是显示出来的数字 7。这就是黑白

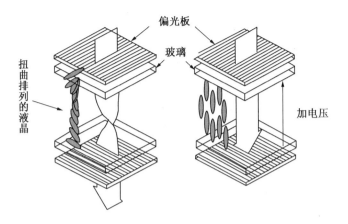

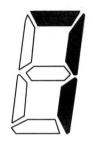

偏光板

玻璃

扭曲排列的液晶

加电压

▲ 图 2　液晶显示器透光原理示意图

显示器的显示原理，当然，要能显示各种图像还需要先进的制造技术以及复杂的控制芯片。至于彩色液晶显示器就更复杂了，在此不作介绍。

　　LCD 具有很高的成像质量，而且它还具有工作电压低、功耗低、体积小等特点。随着 LCD 技术的迅速发展，人们对研发液晶材料的兴趣越来越大。世界市场对液晶显示器的需求也日益增大，现在已经有越来越多的液晶显示器、液晶电视进入普通家庭。目前液晶材料正在以每年 3 000～4 000 个新液晶化合物出现的速度向前发展，尤其是日本，每年都有大量新液晶材料研制成功。我国液晶材料技术经过 20 多年的努力，已逐步形成了相当规模的产业。虽然发展较快，但仍与发达国家存在 10 年左右的差距。

　　液晶材料目前最主要的应用就是用来制造显示器。当然，任何材料的用途都是多方面的，因此液晶在其他领域的应用也日益受到人们的重视。比如：液晶高分子可以作为结构材料，用来制造高强度的防弹衣、舰船缆绳等；由于具有很小的膨胀系数，可以用于微波炉具，用作光纤的包覆层；在电子学方面，可以作液晶电子光快门、压力传感器、温度传感器，以及信息存储器件；在生命科学方面，有关生物液晶的研究已经取得了很多成果；在航空航天领域，可用于航天飞机、宇宙飞船，人造卫星等。

在 21 世纪，液晶高分子材料作为化学、物理学、材料科学和信息科学等多学科交叉的一门学科，正在成为一个十分活跃的研究领域，它对工业、国防和人民生活的贡献将日益增大。世界各国的科学界、工商界和政府对此都有极大的兴趣，在不远的将来，液晶材料将会得到更大规模的应用。

（李玉科）

碳纤维及其复合材料

煤，在以前大家一定都挺熟悉的，煤就是碳的混合物。在自然界里，碳以三种不同的形式存在，就是炭、石墨和金刚石。碳有这三种不同存在形式是由碳原子的排列方式不同引起的：炭是非晶体，石墨是多晶体，而金刚石是单晶体，就是钻石。当然，它们的性能也大不一样。

科技人员通过不断的探索，研制成功了一种由碳元素组成的、具有石墨结构那样的一种特种纤维——碳纤维。它也具有石墨一样的优异性能，它沿纤维轴方向表现出很高的强度，是一种强度比钢大、密度比铝小、比不锈钢还耐腐蚀、比耐热钢还耐高温、像铜那样能导电，具有许多宝贵的电学、热学和力学性能的新型纤维。同时，它又相当柔软，可加工成各种织物。这种纤维因制造原料和工艺的不同，碳含量也会略有差异，一般在90%以上。

这样好的性能的纤维作什么用呢？

碳纤维的主要用途是与树脂、金属、陶瓷等基体复合，做成复合材料。碳纤维增强环氧树脂复合材料，其比强度、比模量等综合指标，在现有结构材料中是最高的。在强度、刚度、重量、疲劳特性等有严格要求的领域，在要求高温、化学稳定性高的场合，碳纤维复合材料都颇具优势。

这样的复合材料无论是在我们的生活、工业生产、军事还是航天事业上都有不可替代的用途。

在我们的生活中用到的有，一些高档羽毛球拍、网球拍和钓鱼竿，以及撑竿跳的撑竿都是由碳纤维和树脂复合材料制成的。

在化学工业中，用碳纤维复合材料可制造耐腐蚀化工设备；用碳纤维制电子计算机的磁盘，能提高计算机的储存量和运算速度。

当然，碳纤维复合材料的最重要用途还是在军事和航天方面。

用碳纤维与树脂制成的复合材料所做的飞机非常轻巧，消耗动力少、噪音小；用碳纤维增强塑料来制造卫星和火箭等宇宙飞行器，机械强度高，质量小，可节约大量的燃料。有一种垂直起落战斗机，它所用的碳纤维复合材料已占全机重量的1/4，占机翼重量的1/3。据报道，美国航天飞机上3只火箭推进器的关键部件喷嘴，以及先进的 MX 导弹发射管等，都是用先进的碳纤维复合材料制成的。

利用碳纤维的导电性，可制造印刷厂、纺织厂等所需的抗静电刷，还可制抗静电防尘服、耐高温消静电过滤网等。

炭

石墨

金刚石

▲ 碳的三种存在形式

也有直接把碳纤维用于战争的。那是 1999 年发生在南联盟科索沃的战争中，北约使用石墨炸弹破坏了南联盟大部分电力供应设备，其原理就是产生了覆盖大范围

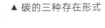

◀ 用导电碳纤维制作的消静电刷

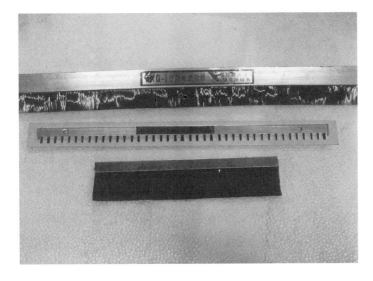

▲ 用碳纤维制造的导弹外壳，不仅重量轻，同时有防止内部温度升高的烧蚀作用。用特殊碳纤维制造的导弹外壳还有防止雷达跟踪的效果。

地区的碳纤维云，这些导电性纤维使供电系统短路。

目前，人们还不能直接用碳或石墨来抽成碳纤维，只能采用一些含碳的有机纤维（如尼龙丝、腈纶丝、黏胶丝等）做原料，将其中的氢及其他元素"烧"掉，转化为碳纤维。也有通过低分子烃类的气相热解来制取的。

目前世界上生产、销售的碳纤维绝大部分都是用聚丙烯腈纤维（即人造羊毛）直接固相碳化制得的。

（章悦庭）

有机硅在生命科学中闪光

在生命科学方面，有机硅材料在人体、新药的合成以及遗传工程等方面，都成为延续生命的链条而大有用武之地。

有机硅是一种新型的人体医用高分子材料，是当今合成材料中生物兼容性最好的材料之一。它可长期埋藏于人体内作为器官或组织的代用品。

作为人工心脏各部分的材料，除了必须具备抗凝血作用外，还必须富有弹性和具有优良的抗拉强度。这是因为，无论是胎形人工心脏的胎膜，还是袋形人工心脏的外层，都受到很大的局部弹性变形，即靠它们的变形挤压而成为输送血液的"泵"，每天要有 10 万次以上的往复压力操作。

硅橡胶不仅具有优良的抗拉强度和弹性，而且具有生理惰性，耐生物老化，不会引起异物反应和变态反应，因此，是制作人工心脏各部分的优良材料。用硅橡胶做成的人工心脏瓣膜，可通过手术置换，以维持严重心脏病患者的生命。例如，我国 1964 年在上海研制成功的人造球形二尖瓣，植入人体后 20 年仍能正常工作。另外，硅橡胶已用于心脏起搏器的包封、脑积水引流装置和人造硬脑膜、人工角膜。用硅橡胶制成的人工晶体已普遍应用于治疗各种类型的角膜病，还可用于为阳痿病人做阴茎，解除他们难言的痛苦，使性功能得到恢复。近 30 年来，硅橡胶在整形外科获得广泛的应用，其优点是对皮肤黏膜无影响、不易老化、材料软硬可任意调节，达到与周围组织同样的软硬程度。硅橡胶可着色、易加工成型，在整形外科上已大放异彩，可用于人造鼻、人造耳、人造眼眶、人造上下颌、人造乳房，还可以填补有缺陷的面庞。对于先天性的塌鼻、外伤性塌鼻和扁平鼻，可以用硅橡胶进行矫治。使用前，将硅橡胶块按需要的形状大小削剪适当，煮沸消毒，然后注入人鼻部，使鼻梁挺直；脸部的其他缺陷或伤疤可用液态硅橡胶注入体内补救而增加美观性，将液态硅橡胶注入眼窝可作眼窝骨折的辅助治疗，也可用作乳房扩大。在骨科方面，用硅橡胶堵塞于下肢断骨与肌肉之间，断端处平滑不疼，且能耐断端处的负荷。用硅橡胶制作人造手关节，仅在美国已有 9 万名病患者接受这种手术。病人手术后，可作正常的手指活动，这种人造关节经 100 万次弯曲试验没有折断。用硅橡胶制作托牙组织面软衬垫，是一种新型口矫修复软衬垫材料，这种材料具有牙龈的弹性感觉，不但使人感到舒服，而且防止了松动、脱落，提高了病人的咀嚼功能。硅橡胶也已成功用于修补和医疗膀胱、肠瘘、尿道和胆囊。

有机硅可以短期置于人体的某个部位，起补痘、抢救、引流等作用。例如，医用硅橡胶腹膜透析管、静脉插管、动静脉外瘘管、导液管、肠瘘内堵片以及肺气肿消泡剂，不规则大孔视网膜剥离治医等。以动静脉外瘘管为例，它可以用来治疗急慢性肾功能衰竭和急性药物中毒，挽救病人的生命。硅油用于治疗胃溃疡、胃出血和消化不良。利用有机硅消泡性能可做胃镜检查。硅油消泡剂可用于抢救急性肺水肿，可迅速疏通呼吸道、改善缺氧状态、减少或避免因泡沫阻塞气流通过而窒息死亡，可用于抢救因心脏病刺激性气体中毒的肺水肿患者，以及肝炎引起的腹胀。大孔不规则视网膜剥离者用手术很难医疗，往往造成失明，此时注入少量专用硅油，视力可保持在 0.1～0.4，使病员重新获得光明。

有机硅也可作为药物载体而留置于体内，长期发挥药效。例如，可通过硅橡胶胶囊慢慢扩散释放各种抗生素、菌苗和麻醉剂。这方面典型的例子有可充注的输药泵和硅橡胶长效避孕环等，它埋入人体内可以用 2～3 年。硅橡胶由于具有优良的透氧、透二氧化碳的特性和与人体皮肤水分蒸发量相近的透湿性，对人体无毒、无害、无过敏、不引起异物的反应或排斥反应等优点，在用尼龙、聚酯纤维增强后，用作人工皮肤，与创面的密合性良好，可较长时间地贴于创面，有效地防止水分与体液从创面蒸发与流失，防止由细菌侵入而引起的感染，从而起到保护创面、促进创面愈合的作用。硅油、硅橡胶在烫伤、烧伤中也有特殊功能，例如，对严重烧伤的患者，使用含硅油的软膏和纱布包扎，可使疼痛和浮肿迅速消失，并促进肉芽的生长，还因具有防水作用而能防止伤口感染。用硅橡胶和硅油加工而成的"瘢痕贴"（又称祛疤硅凝胶膜），是治疗增殖性瘢痕及瘢痕疙瘩的理想医用材料，它适用于治疗外伤、烧伤及手术后的瘢痕增生，经我国各大医院使用，效果均很显著。

在艺术舞台上，可预先根据历史人物的容貌，借用有机硅塑制成假鼻子、假耳朵、假面罩、假头发，可根据设计直接在演员头盔上塑造头型，工艺方便、真实感强，扮演周恩来总理、蒋介石等演员的造型都需要借助有机硅来完成。另外，含有机硅的化妆品已成为当今最受青睐的高档美容品，各种硅油霜露，用以保护皮肤不受盐、酸、碱的溶液和肥皂、合成洗涤剂的损害，硅油涂在皮肤上，可以治疗皲裂、湿疹、皮炎、褥疮等，也可以防止因太阳曝晒而造成的炙伤，可抗海水侵蚀。另外，有机硅药品在皮肤病治疗上也颇具功效。

此外，有机硅还可以作为医疗器械上的关键组成部件发挥重要作用。例如，人工心肺机输出血泵、管模式人工心肺机、模式人工肺和人工血液循环装置的关键材料——有机硅血液消泡剂。

近年来，有机硅药物研究已成为一个新的热点，目

◄ 上海科稀有机硅凝
胶、盐水混合人工乳
房植入体

◄ 硅橡胶产品在人体
上的应用

前已有三类药物研制成功：①与有机药物结构不同的药物，如杂氮硅三环；②与有机药物结构相似的有机硅药物，如日氨酸酯类；③有机硅的保护作用可使有机药物改性，提高药效。所以含硅药物已引起人们的广泛关注，在农业上利用遗传工程，有机硅还可以制成催熟剂、杀虫剂、灭鼠剂等。

　　称有机硅为生命科学中延续生命的链条，可谓名副其实。

（章基凯）

从排球比赛的换人说起

～～～～～～～～～～～～～～～～～

在排球比赛中，双方的主教练为了赢球，常依据赛场比赛情况不断换人：或调上高个队员，以提高拦网成功率；或调上发球高手，以破坏对方接球；或调上主攻手，以提高进攻杀伤力；或是调下主力队员，换上替补，使主力队员得到休息，确保关键时刻的拼搏，力争取得最终胜利。

在工业用水的水处理技术中，存在着相似于排球赛中"换人"的现象，原水中钙、镁阳离子被钠离子替代了，水就被软化了，软化水进锅炉，就没有水垢产生，不仅节约了锅炉运行的成本，还从根本上消除锅炉因水垢生成而产生爆炸的危险。原水中去除强电解质（如氯化钠，硫酸钙，硫酸镁，游离的酸、碱），或将其减少到一定程度，残余含盐量为 0.5～5 毫克/升的水，称为脱盐水，可作高压锅炉的补给水和高压工程的冷却水。纺织、化工、制药、食品、冶金、实验等各行各业都需要使用脱盐水。原水中的强电解质基本被交换去除，硅酸根、碳酸氢根等弱电解质也大部分除去，残余含盐量为0.5～0.05毫克/升的水，称为纯水，或称去离子水、深度脱盐水，在化工优级品的生产、生化、医药食品等行业中广泛应用。半导体器件和大规模集成电路的生产中，对水质的要求更高，由此诱发了超纯水的制备技术。超纯水中的导电质几乎完全被氢离子和氢氧离子所交换而被除去，水中残余含盐量小于0.05毫克/升。20世纪70年代以后，膜分离技术与离子交换组合使用，使水中不解离的胶体物质、气体、微生物及有机物降至最低程度。

在水处理技术中充当

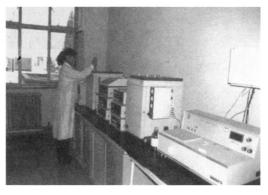

▲ 北京林华水质稳定剂厂

"换人"角色的物质称作离子交换树脂，它是一类带有功能基、具有离子交换功能的功能高分子材料。离子交换树脂结构由3部分组成：不溶性的三维空间网状骨架，以共价键与骨架相连接的功能基团和功能基团所带的相反电荷的可交换离子。离子交换树脂大体可分为阳离子交换树脂和阴离子交换树脂，细分则有强酸性、弱酸性、强碱性、弱碱性和螯合性离子交换树脂等。

离子交换反应一般是可逆的，反应方向受树脂交换基团的性质和含量、溶液中离子的性质和浓度、溶液的pH值、温度等因素的影响。离子交换树脂经交换后，可用酸、碱、盐再生。因此，离子交换树脂能反复再生、重复使用，使用寿命长，经济效益高。离子交换树脂在应用中除用于交换反应外，尚存在分子吸附。它不仅应用于工业水处理，还应用于制糖工业；在湿法冶金中能够提取分离贵金属、稀有金属、稀土金属，及提取铀和其他放射性元素；在合成化学中作催化应用；在废水处理中也越来越得到重视，不仅能回收资源，而且能使废水符合国家排放标准；在医学生物工程等领域也有广泛的应用。

在水处理技术中担当"主教练"角色的，是水处理工程师，他要依据原水的实际情况及处理后的水质要求，选用合适的树脂、确定处理流程和制定操作工艺条件。通常要选用体积交换容量高、选择性高、再生性能好和使用寿命长的树脂，选择要兼顾交换能力和再生能力。彻底去除微量杂质时，宜选强型树脂；如杂质含量多而不要求彻底净化的，可选弱型树脂去除特定离子，最好选用有高度选择性的螯合树脂。在确定处理流程和制定操作工艺条件时，要经过试验，用数据说话，唯有经过试验才能获得最合理的处理流程和最佳的操作工艺条件。

（陆妙龙）

绿色溶剂——离子液体

～～～～～～～～～～～～～～～～～～～～～～～～～

　　不少化学反应和分离过程由于使用大量易挥发的有机溶剂，对环境造成严重污染。所以一提到化学，人们马上想到化学反应过程可能会产生有毒物质或某些污染物。现在，化学家正在研究一种新的溶剂——离子液体，从而可能从源头上解决化学反应过程中出现的上述问题。

　　离子化合物在常温下都是固体，这是一个众所周知的常识。这是由于离子键是很强的化学键，而且没有方向性和饱和性，大量的阴、阳离子同时存在时，强大的离子键使它们彼此靠拢，尽可能地利用空间，形成具有平移对称性的固体，所有离子只能在原地振动或者角度有限的摆动，而不能移动。离子化合物一般具有较高的熔、沸点和硬度。知道了离子化合物在常温下呈固态的原因，反其道而行，将带正电的阳离子和带负电的阴离子做得很大，其中之一的结构极不对称，难以在空间结构上做有效的紧密堆积，离子之间作用力也将减小，从而使这种化合物的熔点下降，就有可能得到常温下呈液态的离子化合物，这就是离子液体。

早在19世纪，科学家就在研究离子液体，但当时没有引起人们的广泛注意。20世纪70年代初，美国空军学院的科学家威尔克斯开始全力研究离子液体，以尝试为导弹和空间探测器开发更好的电池，结果，他发现了一种可用做电池的离子液体，即液态电解质。到了20世纪90年代末，科学界兴起了离子液体的理论和应用研究的热潮。

与典型的有机溶剂不一样，在离子液体里没有电中性的分子，100%是阴离子和阳离子，在 -100 ℃ ~ 200 ℃之间均呈液体状态，具有良好的热稳定性和导电性。对大多数无机物、有机物和高分子材料来说，离子液体是一种优良的溶剂。离子液体表现出酸性及超强酸的性质，使得它不仅可以作为溶剂使用，而且还可以作为某些反应的催化剂使用，这些催化活性的溶剂避免了额外的可能有毒的催化剂，或可能产生大量废弃物的缺点。离子液体一般不会成为蒸气，所以在化学实验过程中不会产生对大气造成污染的有害气体。离子液体还具有优良的可设计性，可以通过分子设计获得特殊功能的离子液体。总之，离子液体具有的无味、无恶臭、无污染、不易燃、易与产物分离、易回收、可反复多次循环使用、使用方便、价格较低廉、较容易制备等优点，使它成为传统挥发性溶剂的理想替代品，能有效地避免传统有机溶剂的使用所造成严重的环境、健康、安全以及设备腐蚀等问题，可谓是名副其实的、环境友好的绿色溶剂，适合于当前所倡导的清洁技术和可持续发展的要求，因此，它已经得到人们广泛的认可和接受。

离子液体已经在诸如聚合反应、选择性烷基化和胺化反应、酰基化反应、酯化反应、化学键的重排反应、室温和常压下的催化加氢反应、烯烃的环氧化反应、电化学合成、支链脂肪酸的制备等方面得到应用，并显示出反应速率快、转化率高、反应的选择性高、催化体系可循环重复使用等优点。此外，离子液体在溶剂萃取、物质的分离和纯化、废旧高分子化合物的回收、燃料电池和太阳能电池、工业废气中二氧化碳的提取、地质样品的溶解、核燃料和核废料的分离与处理等方面也显示出潜在的应用前景。

目前，对离子液体的合成与应用研究，主要集中在如何提高离子液体的稳定性，进一步降低离子液体的生产成本，解决离子液体中高沸点有机物的分离，以及开发既能用作催化反应溶剂、又能用作催化剂的离子液体新体系等领域。随着人们对离子液体认识的不断深入，相信未来的绿色溶剂——离子液体的大规模工业应用指日可待，并给人类带来一个面貌全新的绿色化学高科技产业。

（林开利）

离子液体电池驱动人造肌肉

日本科学家开发出一种新型人造肌肉，用一节干电池即能驱动，用于微型机器和小型机器人的关节部位十分合适。这种人造肌肉形状像口香糖，长约5厘米，宽1厘米，厚几百微米。它由一种随电压变化而伸缩的高分子材料与一种不易挥发的离子液体混合制成，可以在正常环境下长期使用。这种人造肌肉可根据施加在其表面上的电压强度和方向，改变弯曲的程度和方向。在人造肌肉的表面加上1.5伏的电压，可上下最大弯曲40微米；电压再加大，可弯曲数百微米。如电压方向改变，人造肌肉弯曲的方向也会改变。另外，人造肌肉对电流的灵敏度很高，打开和关上电源，人造肌肉的反应时间仅为0.1秒。因此如果在微型机器的关节和驱动部位装上这种人造肌肉，它可像人的关节一样发挥作用。

力大无穷的环氧树脂

～～～～～～～～～～～～～～～～～～～～～～

  在一个胶粘剂工业展览会的入口处，人头攒动，参观者把一个展台围得水泄不通，并时时发出惊呼声和赞叹声。只见一条大钢索串联着两片相叠的铝片，下面一片铝片上竟悬挂着一辆轿车。展板上写明：这是用环氧树脂胶黏剂黏结的铝片，其黏结的面积为 2.25 平方厘米，只有成人大拇指指甲大小。这种神奇的力量来源于环氧树脂所具有的极强的黏结力，由于环氧树脂的这种特性，它已经被广泛应用于各个领域。

  在高速公路的收费处前，有一排排钢质的减速器，是环氧树脂胶黏剂把它们牢牢地黏结在水泥地上的，任凭日晒雨淋、冰刀雪剑，加上车辆的碾压和冲撞，它总是毫不动摇地履行自己的职责。

  大到水坝上的混凝土出现了裂缝，小到人的牙齿上有了蛀洞，都可以用环氧树脂胶来填平黏牢。用上环氧树脂胶，任凭浪潮汹涌，水坝依旧岿然不动。嗑瓜子、啃骨头、吃大闸蟹，用上环氧树脂胶，修复好的牙齿仍然无所不能。

为了减轻飞机和宇宙飞船的重量，它们的壳体也用上了环氧树脂。例如，用环氧树脂点焊胶代替部分铆接，可以减轻飞机整体重量 10% 左右。用特种环氧树脂和碳纤维经高温高压制成的复合材料，它的比强度（强度和密度之比）是钢的 5 倍，铝合金的 4 倍，钛合金的 3.5 倍。这种质量轻、强度高的材料，已经成为宇航工业中的宠儿，是"神舟五号"飞船壳体的主要材料。

环氧树脂还有杰出的耐酸、耐碱和耐各种介质的能力（即浸渍于各种液体中不变质）。当你拉开易拉罐品尝着甘美、清凉的饮料时，你可曾知道，正是由于易拉罐的内壁有一层环氧树脂涂层，保护了铝质易拉罐不受酸性的柠檬汁的锈蚀！只有打开番茄酱、鱼、肉等罐头时，你才能看清在罐头内壁有一层金光灿灿的环氧涂层，它是如此的天衣无缝，致密得连一个针眼也找不到，所以番茄酱中的高酸性、鱼类中的高含硫量、杨梅等水果中的高色素都不能锈蚀马口铁罐或使涂层染上颜色，正是环氧涂层的存在，使这些罐头食品能保持原有的风味。当然，环氧树脂涂料由于这种杰出的耐酸、耐碱、耐介质的性能，主要被用于制造重防腐涂料，成为船舶、桥梁、大型钢结构建筑的守护神。例如：给输油、输气管道的内外壁各穿上一层环氧树脂涂层，便能如盔甲一样保护钢管，使钢管在 50 年内不锈蚀。

环氧树脂一经加热，就是一种流动性很好的液体，它能像融化的蜡烛油一样自由地流动，可以注满任何容器，能凝固成任何形状的固体。但它又不同于蜡烛，因为环氧树脂从液体转变成固体是一种化学反应，再也不会因受热而融化，也不会再溶解于液体，即成为不溶不熔的、绝缘强度很高的热固性塑料。在这种液体变成固体的过程中，它的体积变化很小，对于要求铸造尺寸十分精密的电力、输变电、绝缘材料来说，这种性能是十分难能可贵的。因此环氧树脂又成为干式变压器（其体积是传统油浸式变压器的三分之一，重量减轻 50%）、电力互感器绝缘珠的主要原料。

环氧树脂之所以能在国民经济和国防工业，以及人们的日常生活中有那么多的贡献，主要是由于它特有的化学结构以及成型加工的灵活性和多样性，这也是它在合成材料中占主要地位的原因。以上仅列举了它成为胶黏剂、涂料、复合材料、铸造塑料的某些应用实例，科学家们还在不断地挖掘它的性能和应用潜力，相信它还会有更大的价值被人们所利用，对于环氧树脂的赞叹声将会更大。

（王德中）

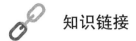

知识链接

环氧树脂

环氧树脂是泛指分子中含有两个或两个以上环氧基团的有机高分子化合物。由于分子结构中含有活泼的环氧基团，使它们可与多种类型的固化剂发生交联反应而形成不溶、不熔的具有三向网状结构的高聚物。

环氧树脂的性能和特性：

1. 形式多样；

2. 固化方便；

3. 黏附力强；

4. 收缩性低；

5. 力学性能优良；

6. 高介电性，耐表面漏电，耐电弧；

7. 化学稳定性；

8. 尺寸稳定性和耐久性；

9. 耐霉菌。

奇妙的"人造金属"

～～～～～～～～～～～～～

    在我们的记忆中，塑料都是不导电的绝缘体，如塑料导线包皮、塑料插头、插座及许多电器的塑料外壳，就是利用了塑料的绝缘特性。

    有没有可能使塑料成为电的良导体呢？科学家为此进行了长期的探索。说起来，导电塑料的发现还有一段有趣的故事呢！1967年，日本科学家百川正在研究用乙炔气体制备聚乙烯塑料，当他听说著名的研究聚乙烯合成的科学家池田回国后，就虚心拜访。池田谈了自己多年的心得，并把自己试验中用到的一些试剂的数据随手写在一张纸条上。后来百川在用池田的方法制备时，发现塑料虽没有合成出来，却得到了一种闪着金属光泽的薄膜。1975年，百川偶然和来日本访问的美国化学家麦克蒂亚米德谈到这种金属样的塑料时，对导电塑料研究多年的麦克蒂亚米德仿佛看到了黎明前的曙光。不久，一种电导率令人吃惊地达到 3 000 伏 / 米的导电塑料聚乙烯制备成功。从而证实了 19 世纪初人们从理论上提出的长链高分子材料可以转变为金属的预言是正确的。百川、麦克蒂亚米德和另一位美国科学家也因此获得了 2000 年的诺贝尔化学奖。

值得回味的是，事后，当池田知道百川是根据自己的数据，在实验中添加催化剂时，由于疏忽将添加剂的浓度放大了 1 000 倍而制造出导电塑料时，他不禁懊恼万分。可以说，导电塑料的发现是偶然的，但又不是偶然的，"机遇只钟情于有准备的大脑"。

大家知道，金属之所以能导电是由于载流子在电场的作用下发生迁移。那么，导电高分子材料是怎样导电的呢？

塑料基本上是聚合物，具有长链且以固定单元不断重复的结构，要使它能导电，就必须使它能仿真金属的行为，也就是说电子必须能不受原子的束缚而自由移动。首先，聚合物应该具有交错的单键与双键，亦称为共轭的双键，形成一个共轭 π 电子，去互相重叠形成整个分子共有的电子带，这些共轭 π 电子可作为传导电流的载流子。不过，具有共轭双键的长链并不足以造成它的导电，要让电流通过这个分子，必须将一个或多个电子移走或加入，此时通电后，π 电子才能快速地在分子的链上移动，形成电流。这样就必须对这种塑料动点手脚，一则将部分电子移出（氧化），一则加入一些电子（还原），这种过程称为掺杂。上面提到的科学家百川，由于催化剂添加量大大增多，造成聚乙炔的氧化，从而引起导电机制的形成。

塑料和金属的导电有些不同。金属的导电是各向同性的，而塑料的导电性则是各向异性的，沿高分子主链方向的电导率特别大，垂直于主链方向则相反；普通金属的导电性随着温度的降低而增大，而导电塑料的导电性却相反。这种新型导电塑料被称为"人造金属"。它的出现引起了人们很大的兴趣，因为它既能导电，又具有重量轻的特点，所以，很快就被应用到新技术上。

这种新型导电塑料不仅能导电，而且还能传光。它是利用了电致发光的原理，光线是由于聚合物的薄层受到电场的激发而放出的。传统的发光二极管都是使用无机的半导体，例如磷化镓，但是现在却可使用具半导体性质的聚合物。这种塑料装置有许多可能的运用，例如利用 LED 膜所制成的平面电视，会放光的交通号志以及信息板等就可能实现。由于制造大面积的薄层塑料是相当简单的，我们可以想象未来的家庭中将能使用会放光的壁纸，以及一些其他精彩的运用。

新型导电塑料可制成太阳电池，结构与发光二极管相近，但机制却相反，它是将光能转换成电能。其优势在于廉价的制备成本，快速的制备工艺过程，具有塑料的拉伸性、弹性和柔韧性。目前，这项研究正处于实验室的重要攻关阶段，已取得了突破性的成果，但要达到商业化则还有一段很长的路要走。另外，处理过的聚乙炔薄膜也已经在实验室阶段制成 3.7 伏 / 厘米和 5 毫安电流的薄膜电池——全塑电池。从长远来看，结构型导电高分子材料可望应用于蓄电池、太阳能电池、传感器及电缆等方面，这将对未来工业技术的变革产生重大的影响。

我们知道，军用飞机上使用了大量电器元件，如果这些元件部分地采用导电塑料来制造，可使飞机元件的重量大大降低，这种轻量化不但可以节省燃料油的消耗量，而且可以提高飞机的战术技术能力。此外，导电高分子材料还可以在战略防御中起到重要的防护作用，它可以使军用电子设施免遭损害，确保军队指挥、控制、通信和情报系统畅通。因为，核爆炸产生的电磁脉冲会使各种电子电器设备的线路系统发生损坏，失去效能，但是对聚合物光学系统却无能为力。

尽管塑料型电子组件离真正的电子组件仍有一大段距离，分子大小的集成电路距以硅为主的集成电路还有很长一段路，但是，随着具有超导电性塑料的发现，人们对导电塑料的研究会越来越深入，可以说，我们正站在一个塑料电子革命的关键点，它将向人们展现出其化学、物理，以及信息科技方面的无穷潜力。

（闫永杰）

作用奇特的氟碳材料

关于氟碳材料，从前人们会想到塑料王聚四氟乙烯，也叫特富龙（英文名称的音译）。近些年，氟利昂将在全世界逐渐被禁止使用（已经发现氟利昂会破坏高空的臭氧层），最近大家又从不粘锅是否有毒的争议中了解到有一种叫氟碳表面活性剂的材料。

像很多新材料一样，氟碳材料自问世以来为人类做出了很大的贡献。原子能工业要用氟碳材料，汽车工业也要使用氟碳材料，有了氟碳材料，纺织工业才有可能生产出来既防水、防油又防污的新型服装材料，等等。总之氟碳材料如今在很多工业领域和生活领域中已经是不可代替的材料，而且其应用范围还在不断发展、扩大和深入。其根本原因在于氟碳材料由于氟原子的存在，而具有非常特殊的物理性能和化学性能，这些性能是其他材料所不具备的。

氟碳材料能具备如此特殊的性能的原因又是什么呢？或许从下面的一些例子可以了解其中的奥妙。

例如，只要将织物浸渍上含有氟碳材料的水乳液，再经过烘干，这些织物就可以防水、防油和防污。实际上要具备防水、防油又防污的性能，其他材料也可以做到，不过这些可代替的材料都有一个共同的弱点，那就是

▲ 不粘锅

不透气。不透气性使得这些材料不可能用于人们穿着的服装上，穿上这种不透气的服装将非常闷热不舒适。而氟碳材料的水乳液不仅使织物（服装）具有防水、防油及防污的性能，而且并不影响原来织物的透气性和手感，也就是不影响原来织物穿着的舒适性。不管是天然纤维织物（如棉、毛、丝等），还是人造纤维织物（如尼龙、腈纶等），经过氟碳乳液的处理，就有很好的防水、防油及防污性能，同时也能满足人们对于穿着舒适的要求。

当然，像皮革及其制品也可以经过这些类似的工艺处理而显示相似的优异性能。

织物这种防水、防油性能的直观表现就是水滴或油滴可以像珠子般在其表面滚动。液体的滴状物能在固体表面形成球状，而且可以自由滚动，其必需的条件是液体和固体之间的表面张力（表面能）相差很大，就是说固体的表面张力必须远低于液体的表面张力。我们知道，

当水银撒在地面时，水银会永远保持着滚动状态的大大小小球珠，而水撒在地面却不可能形成球珠，相反水会很快润湿地面，这是因为水银的表面张力远高于水的表面张力、水银与地面之间的表面张力相差很大的缘故。经过氟碳材料水乳液处理，织物表面的表面能大为降低，与通常的水和油的表面张力的差距大为增加，从而导致防水、防油性能的出现。

如果将氟碳表面活性剂添加到液体（水或油）中，那么它所降低的就是这些液体的表面张力；虽然降低的只是表面张力，这一降低却非同小可，这一降低能够颠倒多少年来人们习以为常的常规现象。例如，雨后马路上的水面由于汽车漏油而形成漂浮在水面的油膜，如果添加过氟碳表面活性剂的水溶液的表面张力降低到一定程度，这种油漂在水面的现象就会逆转，即变成水膜漂浮在油面上。这种不寻常现象的出现奠定了近年新开发而成的灭油火水成膜灭火剂的基础。这种水成膜泡沫灭火剂就是依靠灭火液在油面形成水膜而具有快速、彻底的灭火效能，因此这种灭火剂已经在国内外广泛使用。

如果表面张力很低的水溶液被注入开采石油的油井中，即可渗入岩层或沙层的表面，将油排挤出来提高采油量。

氟碳表面活性剂这种降低液体表面张力的作用应用到涂料中，即可使涂料有很好的流平性，也就是涂料表面显得更为平整，能大大增加涂料的牢度。由于氟碳表面活性剂的分子能迁移至涂料的表面，使涂料具有优良的耐气候性能，能抵抗风吹雨打，从而延长了涂料的使用寿命。很多在沿海地区建造的大桥，使用了氟碳材料，使涂刷在大桥上的涂料（油漆）能防止有强腐蚀性的潮湿海风的腐蚀。

由于氟碳表面活性剂能大幅度降低水溶液的表面张力，也就大大增加了水溶液的渗透性，这种功能用于农药，便可以使农药更快、更有效地杀灭虫害，其结果是增强了药效，而降低了农药的使用量，为提高果蔬食用的安全性提供了重要的保证。

还有一种氟碳材料一直在保护着人们的身体健康。在电镀工业中，电镀过程会不断产生致癌的铬酸雾，严重污染环境，危害人们健康。为解决这一问题，曾经有人在电解槽中放入洗衣粉，以产生一层泡沫覆盖在电解槽表面，不让铬酸雾跑出来。可是由于电镀过程是强氧化的化学过程，电解槽中还有极强的酸液存在，洗衣粉很快就被氧化分解，致使表面的泡沫层很快消失，酸雾又继续跑出来。自从出现了既不怕酸又不怕氧化作用的氟碳材料，问题很快就得到解决。只要将极少量的氟碳材料加入电解槽中，即可在槽面长时间地保持一层密实的泡沫层，阻止有毒酸雾跑出来。

含氟药物有很好的治病功效，氟碳高分子材料在各种工业领域和生活领域都得到了广泛的应用。

凡此种种，都源自氟原子的电负性，以及其原子正合适的大小尺寸。科技工作者正是从氟原子这一不同于其他原子的特点出发，经过不断地研究开发，才有今天氟碳材料在各方面的广泛应用。科技界对氟碳材料的研究开发从未停止，一方面是深入、扩大其应用，揭示尚未了解的奥秘，另一方面又不断去克服可能的不利因素，使氟碳材料不断为人类做出更多的贡献。

（曾毓华）

 ## 知识链接

氟碳涂料

氟碳涂料是在氟树脂的基础上经改性、加工而成的一种新型装饰、保护涂料。主要特点是涂层中含有大量的 F-C 键，决定了其具有超强的稳定性，这种涂料具有一般涂料不可比拟的超耐久装饰性、耐化学药品性、防腐性、不粘污性、耐水性、柔韧性、高硬度、高光泽度、耐冲击性和附着力强的优良性能，使用寿命长达 20 年。无可挑剔的氟碳涂料，几乎超越并涵盖了各种传统涂料所有的优良性能，为发展涂料工业带来了一次质的飞跃，氟碳涂料也理所当然地戴上了"涂料王"的桂冠。

从黑色幽灵说起

～～～～～～～～～～～～～～～～～～～～～～～～～

　　1991 年 1 月 17 日凌晨，美军数架 F-117 "夜鹰" 隐形战斗机飞过伊军预警雷达站，深入伊拉克雷达覆盖区，开始对伊拉克进行大规模空袭，摧毁了一些高级军事目标。"夜鹰" 像黑色幽灵一样，在茫茫黑夜之中把激光导弹投入伊拉克防空司令部的烟囱中，用导弹炸毁向海洋

▼ 图 1　F-117 隐形战斗机（左）和 B-2 隐形轰炸机（右）

泄放原油的油管。投弹 45 分钟后，巴格达才实行灯火管制，进行反击。整个海湾战争中，F-117 出动架次占多国部队各种战斗机总出动架次的 2%，而其命中的目标则占攻击目标总数的 40%。最令人们惊讶的是，44 架 F-117 隐形战斗机前后总共出色地完成了 1 600 架次空袭任务，无一损伤。在近年的科索沃战争和阿富汗战争中，美军的 B-2 隐形轰炸机也有出色的表现。F-117 和 B-2 为什么能够隐形呢？关键是采用了隐身技术。

隐身技术是一项高技术综合体，目的是使敌方探测器接收到的信号降低到零。它主要包括三个方面，即外形设计技术、隐身材料技术和隐身涂层的使用技术，并使这三种技术有机结合。如：F-117 战斗机是美国洛克希德公司研制的单座亚音速隐形战斗机，它的外形像一个堆积起来的复杂多面体，大部分表面向后倾斜，具有大后掠机翼和 V 形垂尾。这种外形能使反射雷达波改变方向，产生散射，敌方雷达很难收到反射信号。F-117 的机身、机翼和垂尾大量采用了玻璃纤维、碳纤维等雷达隐身材料。B-2 是美国诺斯罗普公司研制的隐形战略轰炸机，它是一种无机身、无前翼、无尾翼的古怪飞机，外形像飞镖一样。它的雷达反射面积仅有 0.1～0.3 平方米，据说在正常探测距离下，它在雷达荧光屏上反映出的是仅相当于一个飞行中的"蜂鸟"。飞机蒙皮大部分由碳纤维蜂窝夹层结构制成。隐身技术不仅适用于飞机，也可以用到导弹、坦克、卫星、战舰和潜艇，以及固定军事设备等方面。

隐身材料是隐身技术最重要的一个方面，是实现武器隐身的物质基础。隐身材料是一个很广的概念，隐身材料按波谱范围可分为声、红外、可见光、激光、雷达隐身材料；按材料的用途可分为隐身涂层材料和隐身结构材料。声隐材料包括吸声材料、隔声材料、消声材料等，主要用于潜艇的螺旋桨和外壳的消声瓦，以避开敌方的声呐系统。任何物体都会辐射红外线，温度越高辐射越强。红外隐身材料就是要降低物体的红外辐射，或者使物体的红外辐射与背景基本达到一致，从而难以被敌人的红外探测器发现。红外隐身材料主要用于飞机蒙皮、坦克外壳等部位。可见光隐身材料一般采用颜色与环境一致的保护色材料，形成与背景颜色接近的迷彩图案，用于战斗机、坦克、装甲车等军用装备。北约国家在这一领域处于领先地位。目前，法国国家科学研究中心等机构正在研究光致变色、热致变色和电致变色3种变色材料，使用这种材料的坦克就像变色龙一样能够变色伪装，逃开人的视线。激光隐身材料用来对抗激光制导武器、激光雷达等，这些材料对激光的反射率低而吸收率高。下面重点介绍雷达隐身材料。

雷达依据目标反射的电磁波来跟踪目标。根据反射信号的强弱、方位、时间等信息可计算出敌方目标的方位、运动速度等。目标的反射信号越强，雷达就越容易探测到目标。雷达隐身材料（也称吸波材料）能吸收雷达波，使反射波减弱甚至不反射雷达波，从而达到隐身的目的。吸波材料主要是通过电磁能转化为热能而耗散，

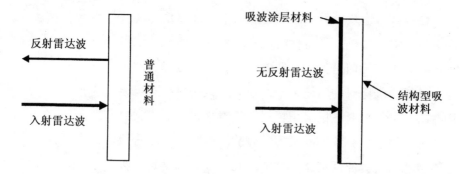

左图标注：反射雷达波、普通材料、入射雷达波

右图标注：吸波涂层材料、无反射雷达波、结构型吸波材料、入射雷达波

▲ 图2 非隐身材料与隐身材料比较示意图

或者使电磁波因干涉而抵消。图 2 是普通材料与雷达隐身材料的比较，左图普通材料反射雷达波不能隐身；右图隐身材料能吸收雷达波，达到隐身目的。

雷达吸波材料可分为涂覆型和结构型两类。涂覆型吸波材料包括涂料（如铁氧体）和贴片（塑料、橡胶和陶瓷）。铁氧体的研究较多，而且比较成熟，是隐身飞机上使用最多的吸波涂层，至今已使用了半个世纪。铁氧体是一种粉末材料，成本低，吸波性能好，它主要依靠自身自由电子的重排来消耗雷达波的能量。结构型吸波材料具有承载和吸波的双重功能，一般是由碳、硼、玻璃纤维等与树脂构成的复合材料。这种复合材料密度低，力学性能好，同时又具有隐身功能，可用在飞机蒙皮、雷达天线罩等结构。碳纤维是最常用的结构型吸波材料，它由碳纤维骨架和碳基体（碳粒、碳化硅粉等）组成，耐高温，既能吸收红外信号又能吸收雷达波信号。

未来隐身材料将朝着"薄、轻、宽、强、多"的方向发展，也就是使用的材料要薄、要轻，隐身的频段要宽，材料强度要高，要集多种功能于一身。近年来，主

动视觉隐身材料、纳米隐身材料、智能隐身材料和导电聚合物等新型隐身材料引起了科学家的重视，这必将推动 21 世纪隐身技术的发展。也许在不久的将来，科幻小说中的"隐身人"也将不再是幻想。

▲ 法国拉斐特隐身护卫舰

（李玉科）

功能梯度材料

在生活中，人们所使用的材料的内部成分或结构往往是比较均匀的，而实际上材料会遇到各种使用环境，或者不同部位使用环境不同的情况，这就要求材料的性能应该随它在构件中位置的不同而不同。例如，一把厨房菜刀刃部需要硬度高的材料，而其他部位的材料则应该具有高强度和韧性。同样，一台内燃机主体必须有好的强度，而燃烧室的表面层则必须耐高温才能提高热效率。也许有人会想，把两种材料直接结合在一起即可解决，实际上这么做会存在隐患，因为构件中不同的材料热膨胀系数不同，若构件处于高温环境，会导致其局部应力集中，使材料开裂。因此人们设想，如果从一种材料逐步过渡到另一种材料，就能大大地降低应力集中。于是，人们就想到了功能梯度材料。

▲ 图 1 日本 的 剑
刃截面图

　　然而，功能梯度材料并不是新事物。古人就已经根据这种思路来炼铁，图1是日本出土的剑刃图，可以看到剑锋、刃部和主体的颜色是不同的，这说明它们的成分是不同的。大自然早就把这个概念引入生物组织中，例如，骨头就是一种梯度结构，外部坚韧，内部疏松多孔。在20世纪50～80年代，一些美国的学者对这种材料进行了初步的研究，但没有正式提出这个概念。作为正式的科学概念，"功能梯度材料"这个术语是在1984年前后由日本的新野正之、平井敏雄等材料学家提出的。当时，一系列的政府报告论述了以航天飞机为重点的太空领域对高性能材料的需求，应用的目标就是航天飞机的发动机和防热系统。几年后，德国、美国、瑞士、中国和俄罗斯等国也竞相开始了功能梯度材料的研究，这一研究迅速成为材料界研究的热点。

　　功能梯度材料（英文简称FGM）是一种材料内部组分、结构、性能等，从材料的一部分到另一部分呈连续变化或分层阶梯式变化的新型材料。图2是功能梯度材料与普通均质材料内部结构比较示意图，左侧是 3 种组分的梯度材料结构，右侧是均质材料的结构。FGM 是一种特殊类型的复合材料，它的特点是材料的正反两面在性能上有很大的差异，因而可以发挥不同的作用；另一方面，这种成分或结构的变化是逐渐过渡的，可以有效缓解材料两侧存在温差所引起的巨大应力，因此它能够耐热冲击，具有良好的机械强度。

功能梯度材料的制备方法有很多种，使用的原料可以是液相、气相或固相。原则上讲，只要能有效地控制和改变各成分含量与比例的工艺都可以成为它的合成方法。一般通过物理方法或者化学方法来达到所需的梯度，从而使材料在不同区域会具有不同的功能。在制备功能梯度材料之前，首先要根据环境的需要对各部分的参数（如应力、热膨胀系数等）进行计算，得出使这种参数按

▼ 图 2　功能梯度材料与均质材料结构比较示意图

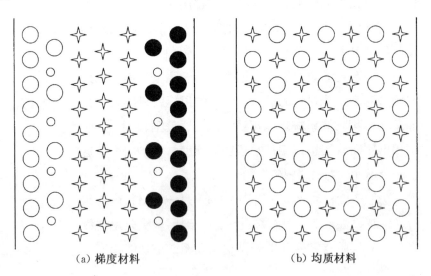

（a）梯度材料　　　　　　　　（b）均质材料

照预定分布值所需的组分变化数据，然后通过精确控制生长工艺制造出这种所需参数的材料。因此，材料在制备之前就已经得出了解决这个问题的方案，可谓"胸有成竹"。

从研究方向来看，目前各国的科研人员对热障功能材料的研究有很高的兴趣。比如日本川崎重工业公司把氧化锆和金属钛的结合面做成梯度结构，得到了氧化锆-钛合金系功能梯度材料，这种材料的氧化锆一侧可承受1 600 ℃的高温，比常用的镍基合金材料的耐热温度高200 ℃，而且它能够耐热冲击，可用于制造燃气轮机的发动机，从而提高发动机的工作效率。

功能梯度材料的应用领域十分广泛。由于它具有较高机械强度、耐热冲击、耐高温性能等特点，在航空航天、电子器件、人造脏器、汽车发动机、制动器、化工部件等方面有广泛的应用。例如，在航天领域就需要采用金属陶瓷功能梯度材料，一面是陶瓷，一面是金属，中间是从陶瓷到金属逐渐变化的过渡层，它具有金属材料和陶瓷材料的双重特点，既有陶瓷的硬度和耐高温、耐腐蚀的特性，同时还具有金属的强度和韧性，可作为火箭耐热部件；在通信领域里，功能梯度材料可以制造多模光纤，这种光导纤维的光学折射率从轴心至外层是逐渐变小的。FGM还能够在其他领域中作为极端条件下使用的材料。

目前世界各国对功能梯度材料的研究正在如火如荼地展开，它的应用已经取得了重要进展，为人类的生产

▲ 航天飞机（发动
机、机身表面采用功
能梯度材料）

生活做出了贡献。不过，还有许多问题需要人们去解决。可以预计，在不久的将来，功能梯度材料必将得到更大规模的研发和应用。

（李玉科）

材料设计——新材料研制的先导

人类为各种目的所利用和制造的材料种类之多已到了数不胜数的地步。特别是因为多种高新技术都对材料提出越来越高、越来越多的要求，开发各种新材料已不但是许多研究单位的任务，而且也是许多企业的奋斗目标。这种情况和人类远古时代已经不可同日而语了，但是人类探索新材料的方式却仍然没有完全改变：大体上还是凭经验反复实验以求找到合用的材料。但凡有某种需要，材料科学家就要根据他们的以经验性知识为主的依据，试探各种配方和工艺条件，企图试制出合用的材料。一般而言，要经过多次失败的试探才能取得成功。例如，橡胶材料技术的鼻祖古德意发明橡胶硫化技术就是经过多次失败，已经走投无路时意外得到成功的。而今广泛应用的不锈钢，原来是试制坦克的材料不合用，被当作废品扔进了垃圾堆，后来发现垃圾堆中别的钢样都锈蚀了，唯独它光亮如初，这才被捡回来而成为新发明的。一般而言，没有百折不回的精神，是不可能发明新材料的。这种情形被西方称作"试错法"（Trial and error method）。中国材料科学界则形象地称之为"炒菜"，不是吗？一个高明的厨师，总是从初出茅庐的蹩脚厨师百折不回地锻炼出来的，他当学徒头一天烧的菜不可能很高明。

这种"炒菜"方法虽然踏实有效，可实在太费工夫了。特别是20世纪中叶以来，包括原子能、计算机、航天技术等等高新技术的发展日新月异，每时每刻都在对材料提出新要求，用"炒菜"方法发明新材料的速度远远跟不上实际需要，以致原子能、计算机、航天等新技术的许多问题都被卡在材料问题上不能过关，于是材料科学家不得不另觅开发新材料的捷径。就在这时候，国际上发生的一件大事冲击了材料科学界。1957年，苏联先于美国把人造卫星送上了天，引起美国朝野震动。因为美国人一向习惯于他们的科技在全球领先，这次怎么落到了别人后面？何况，当时美苏正在全球争霸，如此重要的技术落后于人可不是小事。美国经过反省后，认为教训之一就是对材料科学抓得不够。于是政府大幅度增加科研投资，动员一大批优秀科学家从事材料科学研究。他们财大气粗，敢想敢干，有人提出以"材料设计"作为研究目标。当时的说法是要"根据指定性能的要求定做新材料"。严格说来，所谓"设计"的含义，可以从

"房屋设计""衣服设计"来理解。比如说，某学校要建一座教学楼，请设计院设计，按照设计的图纸施工，就能一次性建成一座包括许多教室的大楼。如果建成的大楼的结构只能作学生宿舍，或者还没建成就倒塌，那学校一定不肯接收，而且决不许设计院以"试验—失败—再试验"的理由来搪塞。这就是人们对"设计"的要求了。所谓"根据指定性能的要求定做新材料"，意思就是说：根据某种用途，要求材料具有某种性能，科学家就要通过某种理论计算，预见到应当靠什么原料、什么配方、什么工艺，一次成功地制造出合用的材料，而不是用"炒菜"的方法，通过多次实验去试探。

▲ 一批用熔融结构法制备的饼式 Y123 材料

　　"材料设计"说说容易，实际上要实现却很难。最初，人们想：物质都是由原子组成的。原子的种类、原子的排列、原子的相互作用从根本上决定物质的性质，于是人们寄希望于描述原子和原子间相互作用的两门学问：量子力学和统计力学。无奈人类使用的材料结构太复杂，一般包含几万亿亿个原子。如果把这样多的原子的方程式都写出来，一个人写一辈子都写不完，更不用说如何求解了。迄今为止，人们在多数情况下，充其量只能将问题简化，靠这种"不得已而求其次"的方法，人们通过简单得多的原子集团的计算得到某些启发，为找寻新材料提供线索。虽不能百发百中，终究可以少走些弯路。近年来，随着超级计算机的出现，人们已能计算越来越复杂的原子集团，这种从"第一原理"出发的算法，其实用价值也越来越大了。从 20 世纪 60 年代末开始，用计算机代替人脑的想法逐渐得到实施。首先是模仿人的"记忆"功能，建立各种数据库，使人类专家凭经验找新材料有了一个辅助工具。这一技术很快便成了开发新材料的利器，因为计算机的记忆能力远胜于人。比如：要凭经验找新材料，就应该知道世界上已有物质的性质。据统计，截至 20 世纪末，人类发现的化合物已达 2 300 万种以上。即使是最"博闻强记"的材料学家也不可能背得出这 2 300 多万种化合物的各种性质。因此，能储存、检索大量实验数据的数据库能帮助材料研制，就是容易理解的了。计算机不但可以储存和检索数据，还可以对数据进行加工，从中抽提有用的规律。这就是"人工智能"和"数据挖掘"技术。如前述，只靠"第一原理"的应用预报新材料困难尚多，但是通过量子力学和统计力学对简单体系的理解设计描述原子、分子特性的参数（例如表征原子大小的"原子半径"，原子吸引电子的参数"电负性"，描述分子结构的"分子拓扑指数"

等等）对粗略预测材料物性还是有用的。因为材料的性能往往是由多个因素决定的，所以利用计算机多因子数据挖掘技术总结材料性能的数学模型，据以预报未知材料的性能，找寻材料制备-生产条件和材料性能关系的规律，进而根据需要控制制备条件，优化材料性能，是大有可为的。根据这种原理优化材料制备和生产，已经在多种新型合金钢、陶瓷材料、航天用火箭推进剂、绿色电池材料等方面取得多项应用成果了。

早期人们对材料设计的重点理解为结构-性质关系和材料性能预测。这当然是材料设计极其重要的一方面，根据结构-性能关系预报有优异性能的新材料，自然能导致材料研究的重大创新，但至少同等重要的是要研究制备材料的新方法和高质量、低成本大量生产材料的新技术。20 世纪后半叶，日本的制造业正是汲取了欧美国家的基础研究的成果，大力开展应用研究，使许多材料及其制品的质量和成本略胜一筹，在国际市场上对美国货造成巨大威胁。为了改变这一局面，美国组织了一批材料科学的精英搞软课题商讨对策。此时美国人领会到：必须在重视"结构-性质关系"的同时，大力开展材料制备的科学研究，也就是材料制备方法的设计研究。为了在这一关键领域"百尺竿头更进一步"，美国科学家提出了"材料智能加工"的新概念。按照这一概念，人类制造材料的方式可分为三种模式。第一种是最原始的模式，即靠人工控制制造材料，这样做有许多弊病。比如说我们要做一块陶瓷半导体，先要将几种原料配在一起，靠人工研磨，加水捏成块，然后放到电炉里烧结。因为是人工研磨，每次研磨的力度不可能完全一样，这样做出的半导体性能就会有波动，不能达到最佳效果，因此靠人工操作不是个好办法。于是，人们发明了第二种方式，即计算机优化控制方式，先用计算机数据挖掘总结出性能最佳的陶瓷半导体的工艺条件，用计算机严格控制各个技术指标，这样产品质量就大大提高了。但是，这第二种方式仍不能完全保证产品最佳。例如，工业生产或实验室实验都证明：即使按第二种方式，产品质量仍有些波动。有些新材料如某些电子陶瓷，其电学性能虽经严格控制，波动仍很显著。为什么呢？首先，即使采用第二种方式，还是有不少影响因素不可能测量和控制（例如：即使研磨设备和能控制的操作条件都一样，也不能保证粉末的粒子形状分布都一样，等等）。其次，许多材料制备过程很复杂，有时会有混沌现象发生。混沌现象是一种能将不可控制的极微小的变化"放大"成有较大影响的作用，而第二种方式没有办法对付这种混沌现象。因此，美国材料学家建议研究和实施第三种方式，即"材料智能加工"方式。在实施这种方式时，要用多种传感器探头监测正在制备的材料，并根据监测的结果"随机应变"地改变控制条件，以便应对各种不可控因素的影响，使产品始终保证最优。目前，这种新的材料制备方式在复合材料制造、半导体单晶拉制等方面都取得很好的效果。这是材料设计的一个新发展。

总的说来，自从20世纪中叶材料科学家提出材料设计这一研究目标以来，已经半个多世纪了。由于这个课题难度很大，现在我们离所有材料都能一次"设计"成功的目标还相当遥远。但是由于大量有成效的研究成果，人类探索新材料的方式正在经历一个渐变的过程。人类对物质结构–性能关系的深入了解，多种物质结构的测量技术的进步，材料数据库和数据挖掘，人工智能技术的进展，都给新材料研制提供了有用的指导。材料研制的盲目性实际上也已大大减少了。今后，随着材料物理、材料化学的深入研究，随着计算机硬件和软件技术，特别是人工智能技术的进步，材料设计势必会在材料研制中发挥越来越大的作用。

（陈念贻）

降服雷电的利器

　　老天爷总喜欢开人类承受不起的"玩笑"，2004 年 12 月南亚和东南亚国家发生强烈地震和海啸，造成成千上万人死亡，不少著名的旅游胜地转眼间从天堂沦为人间地狱，一时哀鸿遍野，老百姓家破人亡，流离失所。在人类发展的历史过程中，天灾就像一把利剑悬在头顶，随时都可能给人类带来灭顶之灾。地震和海啸的灾难使人们更加清醒地认识到了自然界的威力与可怕。地震和海啸这类毁灭性的灾难事故引起了全球的高度重视，而在平常的生活中，一些不易引起人们注意的天气事故也时常威胁着人类的生命和财产安全。比如说雷电事故，据我国气象领域权威机构调研，我国每年因雷电事故造成的伤亡人数达千人之多，经济损失高达近百亿元。现代社会的发展一日千里，雷电事故直接影响着计算机网络系统、建筑、电信、航空航天、电力、石油化工、消防和交通等与人类生活息息相关领域的安全,雷电灾害被国际电工委员会(IEC)称为"电子化时代的一大公害"。因此,需要寻求科学的方法来尽量避免雷电灾害带来的损失,人们对防雷技术的需求日益迫切。

在防雷减灾工作上,金属材料占有一定的地位,有机和无机非金属材料在防雷上也发挥着十分重要的作用。我们通常见到的建筑物顶上的避雷针,就是一种耐腐蚀、电导率高的不锈钢材料。避雷针是针状金属物,用粗导线与埋在地下的金属板相连,以保持与大地的良好接触。当带电云层接近时,大地中的异种电荷被吸引到避雷针的尖端,由尖端放电释放到空气中,与云层中的电荷中和,达到避雷的目的,从而能保护建筑物免遭雷击损坏。

大地中的异种电荷能否被有效地吸引到避雷针的尖端,是十分关键的,金属接地极与土壤之间的接触电阻,及接地极周围土壤的状况,关系到防雷与接地保护的效果。在土壤电阻率较小的区域,要降低接地电阻是比较容易的,但在高山岩石区和土壤电阻率较高的其他区域,需要往土地中填充降阻剂,使接地电阻降到一定的范围,一般要求接地电阻在 0.5~10 欧姆之间。目前,降阻剂有很多品种,从性质上分,有化学降阻剂和物理降阻剂两类,但广泛使用的是化学降阻剂模式。化学降阻剂的共同特点主要是以氯离子、硫酸根离子、硝酸根离子与碱性金属构成的电解质盐类为导电物,如氯化钾、硫酸钠等。化学降阻剂与土壤结合而形成的胶凝物凝固后,紧密附着在接地极金属板表面，可防止空气中的氧渗透而减缓对金属的腐蚀。化学降阻剂只有在有水时电离出带电离子，才能成为导电主体。化学降阻剂电解质的浓度越高或电离度越大，电阻率就越低，降阻性也越好，但这时电离出来的阴离子对金属的腐蚀也越严重。季节性的地下水起落，使得电解质流失，尤其是当无水时，电解质结晶或低温结晶，电阻率会升高而失去降阻能力，这些缺点对接地降阻将会产生不利影响，从而限制了化学降阻剂的应用。物理降阻剂由非电解质导电材料组成，其导电性不易受周围环境的影响。如用强导电的碳素粉末作导电材料，其导电性不受酸、碱、盐，高、低温，干、湿度所限。因碳素导电物不溶于水，与金属也不发生反应，与土壤有限渗混，凝固后不因地下水位下降、天气干旱、雨水季节而流失，因此性能更稳定，寿命更长。值得一提的是，有一种含有稀土元素的防雷降阻剂在环保上具有与日俱增的优势，它不会对土地产生污染，素有"绿色防雷降阻剂"之称。稀土材料被看作是"21世纪发掘新功能材料的宝库"，稀土资源在我国具有绝对的优势，地球上已知稀土矿藏的2/3在中国，它在气象产业这一新领域的应用，对发展稀土工业、开拓稀土功能也是一大促进。

自然灾害虽然可怕，但是人类可以借用科学技术来保护自己，尽可能地将灾害造成的损失降到最低限度。

（金　敏）

组织工程——再造生命奇迹

～～～～～～～～～～～～～～～～～～～～～～～～

　　什么是组织工程？可能很多人都会觉得比较陌生。可是，大家应该都知道，我们的人体是由不同的器官和组织构造而成的，例如，我们比较熟悉的骨、肝、心脏等。这些器官一旦因为疾病或其他原因受到损害时，人体健康就会受到很大的威胁。就拿骨来说吧，每年因为车祸或者骨肿瘤等一些疾病而造成的组织缺损、功能受到限制的患者不计其数。目前，修复骨缺损的方法一般有自体移植、异体移植和组织代用器等 3 种，但它们各有弊端。如自体移植，要以牺牲患者自己正常器官组织为代价，这种"拆东墙补西墙"的办法不仅会增加患者痛苦，还因有的器官独一无二而无法做移植手术；异体移植最难解决的是组织强免疫排斥反应问题，失败率很高，加之异体器官来源有限，供不应求，因而难以实施；

动物器官移植同样存在排斥反应，而且还要冒着将动物特有的一些病毒传给人类的危险；采用组织代用品如硅胶、不锈钢、金属合金等，它们致命的弱点是与人体相容性差，不能长久使用，还易引起感染。感染后，可能还需要再进行手术将这些代用品取出来，不仅增加了患者身体的痛苦，而且还增加了他们的医疗费用，给病人带来很多麻烦。

然而，面对这些困难，人们并没有妥协，而是积极思考对策。人们产生了一种设想：是否可以人工地在实验室构建一种具有正常组织功能、具有生命并且能够被人体慢慢吸收的器官，然后再将它们植入人体器官的缺损部位来达到修复的目的呢？在这个设想基础上，20世纪80年代初，美国麻省理工学院的化学工程师罗伯特·朗格和波士顿麻省大学医院的约瑟分·瓦坎蒂医生首次描述了组织工程的简单含义，并开展初步的研究工作，即将可以在人体内降解的聚合物材料制成薄层状，将细胞种植到材料上，在体外培养形成组织，再由外科医生植入人体内，随后聚合物材料逐渐降解消失，而新形成的组织则在体内存活并行使功能。他们不仅取得了令人兴奋的成果，并且在此基础上提出了"组织工程学"概念，而这个概念最早是由美国国家科学基金会1987年正式确定下来的，它的核心就是建立细胞与生物材料的三维尺寸的复合体，即具有生命力的活体组织，用以对病损组织进行形态、结构和功能的重建并达到永久性替代。其基本原理和方法是将体外培养扩增的正常组织细胞，种植于一种生物相容性良好并可被人体吸收的生物材料上形成复合物，将细胞—生物材料复合物植入人体组织、器官的病损部分，细胞在生物材料逐渐被机体吸收的过程中，形成新的、在形态和功能方面与相应器官一致的器官和组织，从而达到修复创伤和重建功能的目的。

20 世纪 90 年代以来，科学家们运用组织工程技术，利用人体残余器官的少量正常细胞进行体外繁殖，既可获得患者所需的、具有相同功能的器官，又不存在排斥反应，已取得了令人满意的成果，不少新近成立的生物技术公司正准备推出商品。再生的和在实验室培育的骨骼、软骨、血管和皮肤，以及胚胎期的胎儿神经组织都在进行人体试验，肝脏、胰脏、心脏、乳房、手指和耳朵等正在实验室里生长成形，名副其实的备用人体器官将在不久的将来由实验室走向患者。在美国马萨诸塞大学，由查尔斯·瓦坎蒂领导的一个研究小组正在生物反应器里为两位切掉拇指的机械师培育拇指的指骨。瓦坎蒂说，他们会把其中一个拇指或者两个拇指移植给患者。

▼ 组织工程技术制备的人的耳朵和腿骨

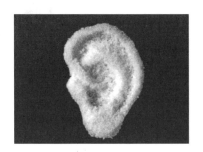
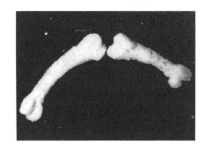

在中国，勤奋而聪明的科学家们也正在致力于人造器官的研究。我国于 1999 年和 2000 年连续召开了两届组织工程学术交流会，并掀起了一个组织工程研究热潮，很多高校和研究所都投入了大量的人力和财力来进行组织工程的研究。上海第二医科大学的曹谊林教授与约瑟分·瓦坎蒂合作，1997 年首次在鼠皮下构建并培育出具有人耳郭形状的软骨，其成果发表后引起世界广泛关注。上图就是人们用组织工程技术培养出来的人体耳朵和骨的外观，是不是很相似呢？当然，这些在实验室培养出来的器官要真正应用在人体上，给人们带来福音，还有很长的路要走。但是人们相信，组织工程是继细胞生物学和分子生物学之后，生命科学领域又一新的发展里程碑，标志着传统医学将走出器官移植的范畴，步入制造组织和器官的新时代。同时，组织工程作为一门多学科交叉的边缘学科，将带动和促进相关高技术领域的交叉、渗透和发展，并由此衍生出新的高技术产业。组织工程将是 21 世纪最具潜力的高新技术，必将产生巨大的科学、社会和经济效益，给我们的生活带来更多的奇迹。

（李海燕）

探索太阳能电池的奥秘

现在，在许多居民楼的屋顶都可以看见一排排人字形的太阳能热水器，成为城市空中一道独特的风景线。安装了太阳能热水器以后，家里的热水"滚滚来"，方便快捷，还可以省下不少煤气费、电费。利用太阳能获得热量，只是人类开发和使用太阳能资源的一种方式。太阳能作为地球上取之不尽、安全洁净的能源，已经成为人们关注的焦点。

在人类社会工业化的进程中，地球上大量的不可再生能源如煤炭、石油等即将耗尽，并且造成了严重的环境污染，于是，人们把目光投向了每天给予我们光明和温暖的太阳。据测算，太阳每秒钟向四周辐射的能量约380亿亿亿焦耳，而地球表面吸收它的能量仅20亿分之一，换算成电能，每年为60亿亿千瓦小时，相当于全球

▲ 薄如纸片的太阳能电池

年消耗总能量的 2 000 倍，可谓"取之不尽，用之不竭"。

除了太阳能的热利用，人们还利用太阳能来发电。一般我们把将太阳能转换成电能的装置称为太阳能电池。在太空中运行的人造卫星，不可能"背上"一大堆的普通电池来供电，而是安装一些薄如纸板的太阳能电池来源源不断地提供电能。在北京天安门广场上新出现的太阳能交通信号灯和上海松江街头新亮起的太阳能路灯，与普通信号灯、照明灯相比，更环保、节电，而且因为其具有蓄电功能，在阴雨天及晚上也能正常工作。目前，国外一家公司还推出了带有超薄和超轻太阳能电池的一系列移动产品，如调频收音机、CD 播放机、无线耳机、掌上电脑等，让您边走边用，不必担心电被用完。

设想一下，如果我们在屋顶上排满太阳能电池板，不就可以实现家中用电的自给吗？答案是肯定的。但是目前，太阳能电池在世界范围内年发电量不过几个兆瓦。为什么太阳能电池在较其他能源有众多优势的情况下，仍不能得到普及呢？主要原因是成本太高。太阳能发电的成本大约是生物质发电（沼气发电）的 7~12 倍，风能发电的 6~10 倍。现在市面上一块 1 平方分米的普通太阳能硅电池能提供 1 瓦的输出功率，价格在 40 元人民币左右。正是这个价格，使它还不能普及。

　　为什么太阳能电池的成本会如此之高呢？主要是制作太阳能电池的材料问题。太阳能电池是由半导体组成的。硅（Si）是最理想的太阳能电池材料，目前市场上80%以上的太阳能电池都是用硅制成的，其中又分为单晶硅、多晶硅、非晶硅。单晶硅太阳能电池转换效率最高，技术也最为成熟，但由于单晶硅材料价格及相应的工艺繁琐，单晶硅成本价格居高不下，难以实现太阳能发电的大规模普及。随着新材料的不断开发和相关技术的发展，以其他材料为基础的太阳能电池也愈来愈显示出诱人的前景。低成本、可大规模生产的、用于制作太阳能电池的新材料，主要有多晶硅、大面积薄膜非晶硅、化合物半导体如砷化镓、碲化镉等。当这些材料制作廉价太阳能电池的技术取得突破后，利用太阳光来发电这项新技术就将获得广泛应用，从而缓解电力的

▲ 天安门广场上的太阳能人行横道信号灯

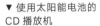

▼ 使用太阳能电池的CD播放机

▲ "展翅飞翔"的太阳能飞机

▲ 航天飞船上的太阳能电池翼

▲ 给航天飞船提供能源的太阳能电池翼

短缺。

　　太阳能电池受到阳光或灯光的照射产生电流的奥秘在哪儿呢？原来，太阳能电池的表面由两个性质各异的部分组成的。当太阳能电池板受到光的照射时，能够把光能转变为电能，使电流从一方流向另一方。为了使太阳能电池尽可能多的吸收太阳光，将光能转变为电能，一般在它的上面都蒙上了一层防止光反射的膜，使太阳能电池的表面呈蓝紫色。

　　小小一块太阳能电池可以帮助我们人类在地球上千秋万代地生存下去。科学的奥秘是无穷无尽的，等待着我们去发现，去探索。

（彭　芳）

薄如纸的显示器

造纸术作为中国古代的四大发明之一，为人类文明的发展做出了不可估量的贡献。纸已成为文明记录和显示的载体。进入到 21 世纪的信息时代，纸的记录功能被超大密度的芯片所体现，据计算，方糖大小的一块芯片，可以存储美国国家图书馆所有的资料还绰绰有余。纸的另一种功能被各种显示器所体现，这些显示器包括阴极射线显示器、液晶显示器件、电泳显示器件、铁电陶瓷显示器件、等离子体显示器件、电致发光显示器件、场发射显示器件、真空荧光显示器件等。但是，一般的显示器体积太大（例如电视机的显示器），很难随身携带。这几年，各种轻便的平板显示器进入寻常百姓的生活中（如液晶显示器、等离子显示器等）。但是，这些平板显示器视角比较窄（如液晶显示器），耗能大，发热多（如等离子显示器），暴露了不少缺点。近几年，一种新型的超薄电致变色显示器使科学家极感兴趣。尽管这种显示器还没有实现全色彩化，但是它耗能小，具有极低的驱动电压（1伏左右）；同时，它有很强的对比度，而且，对比度连续可调，可以满足不同视力的需求，极具人性化。

电致变色材料是指在外接电压或者电流的驱动下，材料的光学性能（透射率、反射率等）在可见光范围内产生稳定的可逆变化。在外观上，电致变色材料表现为颜色及透明度的可逆变化。电致变色材料分为无机变色材料（例如氧化钨、氧化镍、氧化铑、氧化钴等）和有机电致变色材料（例如紫精类、稀土酞菁、吡嗪类、吩噻嗪类等）。无机电致变色材料主要集中在过渡金属氧化物，这些过渡金属氧化物通过离子（例如锂离子、钠离子等）和电子的共注入和共抽出，其化学价态或晶体结构发生变化，从而实现着色和褪色的可逆变化。由于离子扩散比较慢，所以，这类无机电致变色材料响应速度有几百秒，无法满足显示器的响应速度的要求。有机电致变色材料主要通过得失电子发生的氧化—还原反应，实现着色和褪色的可逆变化。它的速度可以达到飞秒（千万亿分之一秒）。利用纳米半导体材料（例如氧化钛），嫁接一层有机电致变色分子，可以做成三明治结构的电致变色器件。通过加电压的地方变色，没有加电压的地方保持原来的透明态，就可以实现显示的功能。这种纳米电致变色显示器具有极快的响应速度，同时，它采用的是薄膜型结构，所以可以做到像纸那样薄，故而也叫电子纸。这种纳米电致变色显示器的颜色亮度比液晶显示屏的要高4倍，比其他仍在发展的显示技术要高2倍。其显示内容即使在断电后也可以保持不变，具有记忆效果，所以可实现超低耗电量，其耗电量还不到反射型液晶的1/10。

这种显示器已经有一些小型化的产品面市，例如ACREO和NTERA公司研制的几种电子钟和指示标记。NTERA公司已经在爱尔兰和中国台湾建立了自己的生产基地，中科院上海硅酸盐所在这方面也正在进行研究。尽管这种纳米变色显示器才开始发展，但它结合了纳米材料和有机变色材料各自的优点，具有较大的发展潜力。当然，要进一步拓宽应用，还要不断地进行研发。不过，我们可以充满自信地预见，在不久的将来，这种纳米变色显示器，极有可能会改变我们的生活和阅读习惯。

例如，采用有机导电薄膜，就可以制造出可折叠的电子纸张，能够任意弯曲而不扭曲字形。同时，再附加上一块芯片，就能变成一个真正的"口袋图书馆"。当人们作长途旅行时，可以随时在巴士和火车上阅读，看完以后卷起来放进书包，一"纸"在手，便能书海畅游。另外，这种电子纸除了断电后具有记忆效果外，还可以加上反向电压，擦除显示的内容，这样，电子纸便可以反复使用。可以想象，通过无线电传输技术，它可将新闻即时下载，让人们能在同一张"纸"上看到每天的新闻。届时，消费者不需要再购买传统报纸，就可使报纸日日翻新，杂志月月不同。这不仅方便了人们的生活，还可节省大量的木材，极有可能改变印刷史，并拯救美丽的森林。

这种纳米变色电子纸也可以替代各种广告招牌，届时，只需按动几个键，就可以改变上面的广告内容，它能够根据需要显示不同的商品图案和广告文字，以帮助招徕顾客。商店里就不需要到处悬挂五花八门的广告招牌了，而广告的图案更加五彩缤纷。

这种纳米变色电子纸可以用在电视机或者"笔记本"上，电视机可以像纸一样贴在墙上，创造更好的居住环境。

（张增艳　葛万银）

生活的朋友——氟

在所有的元素中，要算氟最活泼了。氟气是一种淡黄色的气体，在常温下，它几乎能和所有的元素化合：大多数金属都会被它腐蚀，甚至连黄金在受热后，也会在氟气中燃烧！如果把氟通入水中，它会把水中的氢夺走，放出氧气。氟是1886年被人们发现的，在这以前，它被人们认为是一种"死亡元素"，是碰不得的。这是为什么呢？说来话长，人们在1768年就发现了氢氟酸，认为它里面有一种新元素，很多化学家都在实验室里进行实验，试图从氢氟酸中制出单质氟来。也许你知道，氢氟酸是氟化氢气体的水溶液，它具有很强的腐蚀性，玻璃、铜、铁等常见的东西都会被它"吃"掉，即使很不活泼的银制容器，也不能安全地盛放它。氢氟酸能挥发出大量的氟化氢气体，氟化氢有剧毒，人少量吸入后，就非常痛苦。尽管化学家们在实验时采取了许多措施来防止氟化氢的毒害，但由于氢氟酸的腐蚀性过强，许多化学家在实验中吸入了过量的氟化氢气体而死去了，还有许多化学家由于中毒损害了身体健康，被迫放弃了实验。由于当时的科学水平有限，最后，大部分化学家都停止了实验，人们在谈到氟时都称它为"死亡元素"。氟真的就是"死亡元素"吗？

1886年，英国化学家莫瓦桑在总结前人的经验教训并采用先进科学技术的基础上终于制出了氟气，活泼的氟终于被人类征服了。从此以后，氟给我们的生活带来了很多方便。

大家都知道，玻璃是生活中常见的东西，我们喝水的杯子大多是玻璃做的，窗户上用来挡风的是玻璃，课堂上老师用来做实验的好多器皿也是玻璃的。可你们注意到没有，玻璃杯上有好多花纹，老师用来做实验的玻璃仪器上有很多刻度，这些花纹和刻度是怎么"刻"出来的呢？也许有人会说，这有什么难的，只要找一个比玻璃坚硬的东西，就能在它上面刻出花纹。金属的硬度一般都比玻璃高，我们可以找一把刀，看看能不能用它在玻璃上刻出花纹来？只要这样试过的朋友就会知道，这样在玻璃上是刻不出花纹来的。后来，聪明的人们想到了氢氟酸能强烈地腐蚀玻璃。利用氢氟酸的这一特性，人们先在玻璃上涂一层石蜡，再用刀子划破蜡层刻成花纹，涂上氢氟酸。过上一会儿，洗去残余的氢氟酸，刮掉蜡层，玻璃上就会出现美丽的花纹。我们平常见到的玻璃杯上的刻花，玻璃仪器上的刻度，都是用氢氟酸"刻"成的。

氟与我们的人体健康息息相关。1916年，美国科罗拉多州一个地区的居民都得了一种怪病，无论男女老幼，牙齿上都有许多斑点，当时人们把这种病叫作"斑状釉齿病"，现在人们一般都把它称作"龋齿"。这儿的居民为什么都会得上这种病呢？原来，这里的水源中缺氟，而氟是人体必需的微量元素，它能使人体形成强硬的骨骼并预防龋齿。当地的居民由于长期饮用这种缺氟的水，对龋齿的抵抗力下降，全都患了病。为何人体缺氟会患上龋齿呢？这是因为我们每天吃的食物，都属于多糖类，吃完饭后如果不刷牙，就会有一些食物残留在牙缝中，在酶的作用下，它们会转化成酸，这些酸会跟牙齿表面的珐琅质发生反应，形成可溶性的盐，使牙齿不断受到腐蚀，从而形成龋齿。而如果我们每天吸收适量的氟，那么氟就会以氟化钙的形式存在于骨骼和牙齿中。氟化钙很稳定，口腔里形成的酸液腐蚀不了它，因而可以预防龋齿。为了预防龋齿，人们采取了许多措施。比如说在

▼ 扣人心弦的玻璃雕刻

缺氟的水中补充一些氟，这样，人们在喝水时不知不觉地会吸收一些氟。另外，人们还研制出了各种含氟牙膏，它们中的氟化物会加固牙齿，不受腐蚀。而且，有些氟化物还能阻止口腔中酸的形成，这就从根本上解决了问题，因而效果十分明显。

　　大家现在还认为氟是一种"死亡元素"吗？知道了它的这些用途，就应该为它"平反"了吧！我们相信，经过科学家们的不断努力，氟将会越来越多地参与我们的生活，为人类做出更大的贡献！

（李海燕）

光折变材料——光子计算机的心脏

～～～～～～～～～～～～～～～～～～～

　　作为人类认识和改造自然的一种标志，人们在改造电脑运算和存储速度的征程上不断跋涉，英特尔公司的芯片从 20 世纪 80 年代的 80386 几十兆的频率发展到当今的高达 3.6 吉兆赫兹的奔腾 4 芯片；制造技术也从硕大无比的晶体管到现在的自动化纳米级（65 纳米，90 纳米，130 纳米）的光刻工艺。但随着运算速度要求的不断提升，现有的用短波长进行的基于光学刻蚀的硅时代即将走到尽头，于是人们纷纷寻找下一代替代现有硅片的材料。存储量和瞬间运算速度惊人的"光硅片"概念在这种潮流下便粉墨登场了，科学家们也开始憧憬和企盼未来光子计算机时代的到来。而光折变效应的发现，更缩短了这一时刻的到来。

　　自从光折变效应发现以来，因为其奇异的性能，人们一直孜孜以求地想把这种优良的性能用到光子计算机的心脏——光子存储器上。

什么是光折变呢？

光致折射率变化效应，简称光折变效应，是指电光材料的折射率在空间调制光强或非均匀光强的辐照下，发生了相应的变化。广义上讲，光折变材料是指那些光照引起了折射率变化的材料。

1966年，美国贝尔实验室首次在铌酸锂晶体的激光倍频实验中发现了光折变效应，当时把这种由于折射率的不均匀改变导致的光束散射和畸变称为"光损伤"。后来人们认识到这种"光损伤"在暗处可保留相当长的时间，而在强的均匀光照下，或在200 ℃以上加热情况下又可被擦除而恢复原状。因此，有人提出将这种性质用于全息光学记录，从此光折变效应的研究工作迅速地在世界范围内开展起来，并形成了非线性光学的一个重要分支——光折变非线性光学。作为物质基础，光折变材料的研究和发展，是光折变非线性光学学科发展的关键因素。

根据材料的不同，大致可以将光折变材料分为晶体材料和高分子聚合物材料。

光折变晶体是众多晶体中

▼ 未来的光电子计算机

最奇妙的一种晶体。当外界微弱的激光照到这种晶体上时，晶体中的载流子被激发，在晶体中迁移并重新被捕获，使得晶体内部产生空间电荷场，然后，通过电光效应，空间电荷场改变晶体中折射率的空间分布，形成折射率光栅，从而产生光折变效应。

光折变效应的特点是，在弱光作用下就可表现出明显的效应。例如，在自泵浦相位共轭实验中，一束毫瓦级的激光与光折变晶体作用就可以产生相位共轭波，使畸变得无法辨认的图像清晰如初。由于折射率光栅在空间上是非局域的，它在波矢方向相对于干涉条纹有一定的空间相移，因而能使光束之间实现能量转换。如两波耦合实验中，当一束弱信号光和一束强光在光折变晶体中相互作用时，弱信号光可以增强 1 000 倍。

此外，光折变晶体还具有以下特殊的性能：可以在 3 立方厘米的体积中存储 5 000 幅不同的图像，并可以迅速显示其中任意一幅；可以精密地探测出小得只有 10^{-7} 米的距离改变；可以滤去静止不变的图像，专门跟踪刚发生的图像改变；甚至还可以模拟人脑的联想思维能力。因此，这种晶体一经发现，便引起了人们的极大兴趣。

"超级晶体"——铌酸锂晶体。这种晶体具有高衍射效率、快光折变响应及强抗光散射能力等多项光电功能，而且总体光电功能指标是最好的。它将有望成为类似于"电子学"中的硅材料一样的光子学"硅"材料，它可以通过掺杂和处理产生各种颜色，也可以加工成各种形状。

南开大学开发出的基于光折变三维光子海量存储材料双掺铌酸锂晶体新型三维全息光存储器，已通过国家级鉴定。该存储器将成为未来的主要存储器件，广泛应用于航空航天业、娱乐行业、大数据量存储股票和期货等信息业、多媒体工作站、三维图像处理技术、影视业等领域，具有非常看好的市场前景。

　　目前，有应用价值的光折变晶体有钛酸钡，铌酸钾、铌酸锂、铌酸锶钡系列，硅酸铋等晶体。其中，掺铈钛酸钡晶体是由中国科学院物理研究所于 20 世纪 90 年代在国际上首次研制成功的。我国光折变晶体的研究已进入世界先进行列，掺铈钛酸钡晶体在世界上处于领先地位。

（蔡闻捷）

调节人造卫星"体温"的材料

2003 年 10 月我国成功发射了载有航天员杨利伟的"神舟五号"飞船,实现了定点定时安全的软着陆,圆了亿万中国人民的航天梦。

包括宇宙飞船等所有的地球人造卫星是在非常苛刻的宇宙环境中运行的。在地球四周笼罩着一层稠密的大气层,可是离地球较远的地方,那儿的空气却十分稀薄,是个真空的世界,此外还有来自外层空间的很强的紫外线及其他强射线的辐射。更为严重的是当人造地球卫星在环绕地球轨道旋转时,它有时是面对太阳,受到太阳的照射,表面温度可以升到 200 ℃左右;但它有时又进入了地球的阴影区,见不到太阳,这时它的表面温度将下降到 -200 ℃左右。飞行器处在一个温度交变的恶劣环境之中。因此,如果不采取调控温度的技术手段,人造地球卫星内部的电子仪器和元器件就会烧坏或者"冻坏"，无法正常工作。更为严重的是，如果是载人宇宙飞船，还会危及宇航员的生命安全。因此，就要想方设法来控制和调节宇宙飞船或人造卫星的"体温"。

▼ 外表面有温控涂层的人造卫星

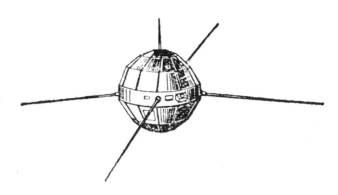

也许有人会说，可以在飞船内装空调啊！不行！因为飞船内的空间十分有限，所搭载的载荷重量要"斤斤计较"，能源更是精贵。因此，科学家研发了专门为调节飞船和人造卫星"体温"的热控技术。由于太空是一个真空的世界，飞船与环境之间没有热传导和对流，热辐射是唯一热交换的方式。飞船的"体温"是由其热量的"收入"和"支出"的热平衡温度决定的。飞船热量的"收入"主要来自它对太阳热辐射的吸收，并由飞船表面材料的太阳能吸收率 α 决定；热量"支出"则来自飞船向宇宙环境的红外热辐射引起的热散失，并由飞船表面材料的热发射率 ε 决定。调节飞船"体温"的热控技术的原理是根据飞船的运行轨道和高度等各种参数进行计算的，确定飞船表面所要求的 α 和 ε 的比值，然后研制出具有相应的 α/ε 比值的热控涂层材料并加涂到飞船表面，就可调节飞船"体温"保持在正常的温度范围。

由于每颗人造卫星或飞船的功能和运行轨道等参数的不同，需要具有各种 α/ε 比值的一系列热控涂层材料。当然，飞船内部也有热交换，因此在飞船内部包括内壁、仪器舱、观察窗以及能源装置等各个系统和部件，甚至宇宙飞行员的衣服和头盔等都需要加涂不同 α/ε 值的热控涂层，这也是调节飞船"体温"所必需的技术措施。

　　当然，除了用热控涂层这种被动式的热控技术以外，还要同时应用其他主动式的各种热控技术，才能确保更有效地调控飞船或人造卫星的"体温"。

　　随着我国航天事业的发展，中科院上海硅酸盐研究所和上海有机化学研究所等单位已研制出了不同工艺的各种 α/ε 比值的一系列热控涂层材料，包括无机、有机和两者复合的热控涂层和薄膜，并在我国已发射的飞船和人造卫星上得到了成功的应用。

（奚同庚）

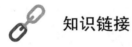 **知识链接**

热控涂层

　　热控涂层是涂覆于卫星各个表面或仪器壳体上的热控涂层。

目前，世界各国已经研制出的热控涂层材料按照热辐射性质可分为九种类型：全反射表面、中等反射表面、太阳吸收表面、中等红外反射表面、灰体表面、中等红外吸收表面、太阳反射表面、中等太阳反射表面、全吸收表面。

热控涂层的使用原则：根据热控制所需要的各种表面的热辐射性质来选择涂层；要考虑工艺的可行性，考虑被涂件的尺寸，形状等；要考虑空间环境的影响，涂层有较好稳定性，其退化率小；要考虑涂层的污染问题。